健康教育系列丛书

城市社区生活环境与健康

白雪涛　陶茂萱　张文丽　编著

北京大学医学出版社

图书在版编目（CIP）数据

城市社区生活环境与健康/白雪涛，陶茂萱，张文丽编著．—北京：北京大学医学出版社，2008.3
ISBN 978-7-81116-189-2

Ⅰ．城… Ⅱ．①白…②陶…③张… Ⅲ．城市—社区—居住环境—影响—健康—研究 Ⅳ．X503.1

中国版本图书馆 CIP 数据核字（2008）第 008800 号

城市社区生活环境与健康

编　　著：白雪涛　陶茂萱　张文丽
出版发行：北京大学医学出版社（电话：010-82802230）
地　　址：（100191）北京市海淀区学院路 38 号 北京大学医学部院内
网　　址：http：//www.pumpress.com.cn
E - mail：booksale@bjmu.edu.cn
印　　刷：北京瑞达方舟印务有限公司
经　　销：新华书店
责任编辑：靳新强　　**责任校对**：杜　悦　　**责任印制**：郭桂兰
开　　本：880mm×1230mm 1/32　**印张**：4　**字数**：94 千字
版　　次：2008 年 3 月第 1 版　**2009年4月第2次印刷**
书　　号：ISBN 978-7-81116-189-2
定　　价：12.50 元

健康教育系列丛书

编委会名单

序

世界卫生组织指出：个人健康与寿命的60％取决于自己，其中生活方式是主要因素。在现代社会中，影响健康和生命质量的重要因素是生活方式。每个人都可以通过采取并坚持健康生活方式，获取健康，提高生活质量。选择健康的生活方式是最好的人生投资，是获得健康、减少疾病的最基本、最有效、最经济易行的途径。

健康是人生的第一财富，人如果没有了健康，一切都将失去意义。提高公众的健康素质，就必须普及健康知识，使公众具备并掌握正确的观念、科学的知识和技能，增强人们的健康意识和自我保健能力，应付人生可能出现的各种健康问题，更有效地支持个人和社会的发展。中国疾病预防控制中心健康教育所作为国家级健康教育专业机构，有责任利用多种传播手段向公众普及科学的健康知识和技能。

为了满足公众对健康知识的需求，我们组织编写了该套健康教育系列丛书，丛书内容是在总结多年健康教育工作经验，立足于公众健康需求的基础上确定的，具有很强的针对性和实用性。主要编者由在相关领域内从事多年研究，具有相当造诣的专家担纲，很好地实现了科学性、针对性与直观性的有机结合。我们希望该套丛书能够帮助读者用科学的态度去认识健康，采纳健康的生活方式，获得积极向上的人生。

尽管我们为编写该套丛书付出了诸多辛苦，但由于时间仓促和水平有限，书中难免存在一些不足之处，恳请读者不吝赐教，以资修订。

《健康教育系列丛书》编委会

2008年3月

目　录

居住区周边环境对居民健康的影响

■ 居室内环境对健康的影响

居住区周边环境

对居民健康的影响

城市生活小区的合理规划与卫生学要求

城市是人类聚居、生存的一种特定环境，是人类文明发展到一定阶段的产物，是人、资源、环境三者组成的人工生态系统。如今的城市，特别是大城市，人口高度密集，城市中各种自然资源稀缺，环境污染呈现加重趋势。因此，合理的城市规划、适当的资源利用及环境保护已成为城市文明健康发展的方向。人们不仅要注重经济、社会、人口、资源、环境的相互协调发展，而且还要注重历史、文化的延续，使文化、生态、环境三者有机地结合起来，以保证人们生活的城市能做到可持续性发展。

城市按功能一般可分为居住区、工业区、对外交通运输和仓储区及郊区。本书将主要谈论居住区周边各种环境对居民健康的影响。首先让我们了解一下居住区的卫生要求。居住区，顾名思义即人们生活居住的地方，其环境质量的优劣直接影响到居民的健康。居住区要求远离沼泽，地势高而且相对干燥，不受洪水淹没威胁，土壤清洁，靠近清洁的地面水或大片绿地，地形宜稍向南或东南方倾斜。对冬季寒风和夏季台风，最好能通过地形和绿化布置来减轻其影响。总之，在城市中应选择日照良好、风景优美、环境宁静和清洁的地段作为居住区用地。居住区必须有足够的面积，使建筑密度和人口密度不致过高，并保证有充足的绿地。城市会有若干的居住区，每个居住区又有许多居住小区。但无论居住小区的大小，居住小区的人口规模与其建筑用地应相一致，各个居住小区应该由干道或别的设施隔开。每个居住区内应配置成套的文化、教育、商业等生活服务设施。

居住区是组成城市的基础，居住区规划不仅直接关系到居民的生活质量，还会对城市的环境质量产生影响。规划时应满足居民对环境的要求，创造交通便利、居住安全、购物方便，清洁美观与自然和谐的环境。居住区可分为三级：①居住区，指被城市干道或自然分界线所围合的居住生活聚居地，人口规模在 3 万～5 万人。②居住小区，被居住区级道路或自然界线所围合的生活居住单位，人口规模在 1 万左右。③住宅组团，是居住区的基本居住单位，由若干幢住宅组成，人口规模 1000～3000 人。

居住区环境质量由以下几个指标评价，它们是建筑容积率、人均居住面积定额、居住建筑密度及居住区人口密度等。人均居住面积定额直接影响人们生活居住的卫生条件。建筑容积率越大，单位地表的人口密度就越大。建筑密度过高，则院落空地相对减少，影响绿化面积和居民室外休息场所的大小，房屋的间距、日照、通风也将不能保证。从建设投资出发，生活居住用地布置宜紧凑，以减少各种修建费用。从卫生角度出发，城市应采用较低的人口净密度。因为人口密度增高，则人均居住建筑用地面积和居住面积减少。人群密集，接触频繁，使传染病容易流行，且建筑密度提高后，室外空地减少，影响住宅的通风和日照。当然以上指标是从技术角度来要求，还需要结合经济条件和居住水平等因素进行综合考虑。

居住区周围的公共服务设施对健康的影响

规划公共服务设施的原则

公共服务设施承担着具体的社会服务，其数量、设施水平、服务内容决定了居住区的生活环境质量。在居住区规划中，要遵循方便生活、有利管理、美化环境的原则，分门别类地安排好各项公共设施，满足居民多种生活需求。居住区公共服务设施包括：教育、医疗卫生、文化体育、商业服务、金融邮电、社区服务、市政公用和行政管理。其配建水平必须与居住人口规模相对应，并根据公共建筑的性质和居民使用频率的关系，通过分级布置让居民能直接、便利地使用公共服务设施。居民区规划还应考虑当前城市人口老龄化问题，配建相应的老年文化娱乐、卫生服务设施。

教育服务设施如中小学、幼儿园等宜设在居住区边缘次要道路旁，不受城市干道交通噪声干扰的地点，并有足够的运动场地。卫生服务设施宜设在环境卫生优良、交通便利、安静而接近居民区的地段，但传染病医院应设在城市边缘。百货商店、书店、银行、洗衣店、理发店、影剧院等可以相对集中以形成文化娱乐和商业服务中心，且要离居民楼稍远一些，这样既方便居民日常活动，又不会因为服务设施产生的噪声或灯光污染而影响居民的健康。在利用住宅建筑的底层布置公共建筑时，不宜把产生噪声、烟尘、气味的商店如饭馆等设在住宅建筑底层，以免影响楼上居民的卫生条件。

洗浴、美容场所的健康问题

洗浴可以达到清洁皮肤，消除疲劳的效果。在日常生活和工作中，人的皮肤常会受到外界环境中的尘埃、杂质、微生物及有毒物质的污染。皮肤本身可通过新陈代谢产生废物，同时要排出汗液、分泌皮脂、脱落表皮。这些无机和有机成分共同组成体表的污垢，使皮肤不洁净并携带细菌。此外，污染皮肤的有机物质分解腐败时会产生恶臭，使人体有一种不愉快的气味。若不经常清洗，不仅可堵塞皮脂腺和汗腺，影响皮肤的正常功能，而且还会刺激皮肤，引起某些皮肤疾患。淋浴不仅可以清洁皮肤，还可以促进全身的新陈代谢。经常合理地淋浴，可清除体表的细菌，促进汗腺和皮脂腺分泌，改善皮肤血液循环，从而增加皮肤抵抗疾病的能力。某些洗浴方式还可以健身及辅助某些疾病的治疗，如桑拿浴、矿泉浴、保健药浴。公共浴室由于多人公用同一浴室，浴室内相对密闭、湿度大、气压低，空气更容易污浊。浴室内人与人接触密切，容易通过空气污染而传播疾病。此外，某些疾病可通过与池水和公共用具的直接接触途径传播，如肠道传染病痢疾、肝炎等病人用过的物品上常有病原体污染，此类病原体可以通过污染的物品传播扩散。因此为防止病原体传播扩散，首先我们不主张公共池浴的洗浴方式，应尽可能淋浴；其次洗浴用水也要满足清澈、透明、无色、无臭的条件，具有良好的理化性状，水温保持在 30～40℃。水温过低容易引起感冒，水温过高易发生烫伤或易使人头晕，头昏。如使用自来水作为浴池供水，水中余氯浓度应在 0.4～0.8g/L，目的是为了杀死水中的细菌。洗浴室的湿度应在 95%以下，避免湿度过大、温度过高引起的晕池。旅店的物品均应进行严格消毒。浴盆的消毒，通常可用质量分数为 10%漂白粉上清液或 1%过氧乙酸擦洗 3～4 次，再用洗涤剂洗净。公用毛巾常常是砂眼衣原体、金黄色葡萄球菌和淋球菌的传播媒介，所以公用毛巾更应每次用后严格消毒，理发店、饭店、浴室等场所的公用毛巾最好用流通蒸汽消毒 30min，或者采用微波炉消毒。个人专用毛巾隔几天用肥皂清洗一次即可。被别人用过的毛巾在 0.05%的清洗消毒剂液中浸泡 10min 后清洗、晾干，或者先煮沸 10min，然后再清洗。

理发美容店是重要的公共场所，其环境复杂，存在许多环境卫生方面的问题。不仅容易滋生某些传播疾病的生物媒介，使各种有害微生物得以传播，而且从业人员的健康状况与顾客的健康状况也会相互影响，容易产生交叉感染。多种公共用具存在隐患。理发美容业的健康影响既有化学性损伤引起的，也有生物性污染造成的。主要可概括为以下几点：1. 理发用具不清洁。理发用具的污染机会多，在理发工具上常可检出金黄色葡萄球菌、溶血性链球菌、真菌及大肠杆菌等，使使用者患上霉菌性头癣、化脓性链球菌感染、病毒性肝炎等。2. 化学性损伤包括由于使用劣质和无卫生许可证的化妆品对人体造成的伤害。不合格的烫发、染发、洗发和美容的化妆品可引起过敏和接触性皮炎等疾病。此外，某些化妆品、用具反复使用，细菌易在化妆品中繁殖，造成顾客交叉污染，直接损害使用者的健康。3. 通风条件差，大量使用的化学药品挥发，人体呼出的二氧化碳，使室内空气污染严重，加上人员接触密切，容易造成呼吸道传染病等的传播。

理发行业容易传播的疾病主要有：头癣、过敏性皮炎、皮肤病，沙眼、急性结膜炎等。在特殊情况下也能传播流行性感冒、肺结核等呼吸系统传染病。造成这些疾病传播的主要途径是：(1) 污染的理发工具和用品，如剪、梳、刀、毛巾、围巾、胡刷、面盆等；(2) 理发师的衣服、理发师受污染的手；(3) 理发店室内环境卫生不良，室内空气受到污染。因此，在理发行业中强调理发工具、用品的消毒、理发师的个人卫生、理发店内的环境整洁和有良好的通风。理发美容业的基本卫生要求是：理发工具用后消毒，创伤性美容工具应按照外科手术消毒规范处理，毛巾做到一客一换一消毒。烫发、染发和创伤性美容应在单独的操作间进行，应配备专用的理发工具为患有头癣及其它皮肤病的顾客使用。

理发工具主要指剃刀、手动和电动推子和剪刀。由于这些工具的锋利性，常能造成伤口，从而形成工具的血液污染。如果不经过消毒再给其他人使用，就可能将病原体，如金黄色葡萄球菌、肝炎病毒等传播，引起疾病。一条不消毒的毛巾，反复使用，能传播眼疾患。由于沙眼病毒在湿毛巾和脸盆上存活时间会加长，不及时消毒可能传播沙眼和急性结膜炎。理发用具消毒的状况好坏，体现了工作人员的职业道德。因为理发店的顾客来源广泛，健康状况有所不同，理发工具经常会受到病原微生物的污染，易引起污染性疾病传播，所以凡顾客使用过的毛巾、胡刷、刀子、推子等工具，使用一次消毒一次。理发工具消毒是预防疾病、保证健康的重要措施。烫发室内常常用到的烫发水含有氨水，在烫发过程中要释放出氨气。氨气是刺激性气体，对接触的皮肤组织有腐蚀和刺激作用，短期内吸入大量的氨气后可出现流泪、咽痛、声音嘶哑、咳嗽，可伴有头痛、恶心、乏力等，严重者可发生肺水肿、成人呼吸窘迫综合征。根据氨的毒性，国家卫生部门制定的公共场所卫生标准中的《理发店、美容店卫生标准》对空气中氨的限量为不超过 $0.5mg/m^3$，并且要求安装机械通风设施，以保证室内空气中的氨含量得到控制。

体育场所与健康

体育运动场所聚集的人数多，人员流动性大，因此体育场馆的卫生状况与人群健康有着密切的关系。一般室外运动没有具体要求，而室内运动则要求室内的微小气候、空气质量、通风等达到卫生要求。如空气中二氧化碳不应超过 0.15%，可吸入颗粒物不超过 $0.25mg/m^3$。游泳是一项有益身体健康的体育活动，它可以提高肺活量，有助提高身体肌肉的协调性，刺激皮肤新陈代谢。另一方面，如果游泳池水质不好，则会给游泳者健康带来危害。游泳者可以将皮肤黏膜分泌物、毛发、鼻涕、唾液、汗液等带入水中，特别是人工游泳池，游泳人数较多，极容易将细菌和病毒带入水中，造成水质生物性污染，如不及时进行消毒处理，水质将不断恶化，会成为红眼病、肠道传染病、皮肤病等疾病传播的场所。所以要加强游泳池卫生工作，保证广大游泳者身体健康。游泳池容易传播的疾病有流行性结膜炎（红眼病）、流行性咽炎、沙眼、脚癣、性病以及某些消化道传染病（如肝炎、痢疾等）。上述疾病大多数经污染的池水传播，少数也可经过公用的游泳衣、裤、帽、毛巾而传播。少数情况下也能够通过游泳池的地面、池壁，公用厕所的地面、门等传播。人体接触污染的物体表面，病原体通过口、手、皮肤黏膜侵入人体，造成疾病的传播。所以游泳池（场）的卫生极为重要，而做好卫生管理工作也就更为人们所关心。在游泳池（场）的卫生管理中，以池水的卫生管理，泳池地面、池壁的洗刷以及厕所的管理最为重要。严格禁止设公用游泳衣裤，也是保护人群健康的关键环节。游泳馆入池前台一般应在明显处悬挂警示牌，严禁患有肝炎、心脏病、皮肤癣疹（包括脚癣）、重症沙眼、急性结膜炎、中耳炎、肠道传染病、精神病患者及酗酒者进入游泳池游泳，这项要求既是保障游泳者自身要在健康状态参加游泳锻炼，又要避免给其他游泳者带来疾病危害。进入泳池前要有更衣间、厕所、淋浴间，通往泳池走道必须有强制通过式浸脚消毒池，池水中余氯保持在 5～10mg/L 才能起到消毒作用，且 4 小时更换水一次，池水深要超过 10cm，入池前游泳者必须将脚浸于此池中，再进入游泳池。池水要求清澈透明，无沉淀物和悬浮物。

文化娱乐场所与健康

除了学校教育以外，社会的文化教育场所一般指书店、图书馆、美术馆、博物馆、展览馆等，这些都是人们开展文化交流活动的场所。各馆虽用途各异，但性质大体相同，其特点相类似，即对场地环境要求高、展品与图书展出和保存条件要求严，观众、读者流量大，开放期间人群密集。若卫生条件差，管理不善，不仅影响观众、读者的健康，而且会对其本身造成损害。

这些场所的特点是人群流动性大，空气不流通，噪声较大，光线不好，人与人之间，人与书之间接触频繁。由于人群密集，读者停留时间较长，阅览室温度、湿度、气流等不适宜时，对读者健康产生不良的影响。人员相对集中，易发生呼吸道传染病等的传播流行。书刊阅读卡、公共用品被致病微生物污染后，也可成为某些传染病的传播途径。书库中存在的尘螨、霉菌、铅等可引起过敏反应，人员流动和书本翻动等可造成室内空气中可吸入颗粒物含量较高，大量复印能造成臭氧的污染，包装材料、书刊中释放出来铅、苯、甲醛等导致室内空气质量极易恶化。此外，场所装饰材料释放的污染物、人群呼出的气体等中还可能存在多种有害物质污染。主要的污染物有甲醛、可吸入颗粒物、铅、苯、一氧化碳、二氧化碳和空气中病原微生物，这些物质对人体健康均存在危害。

为了防止空气污染对人体的损害，馆内应采用自然通风和机械通风措施，保持良好的通风换气，有空调的房间要补充足够的新风量，馆内禁止吸烟，可另设专用吸烟室。对含产生有毒、有害物质的建筑或建筑装饰的材料，应采取防护或改善措施。为防止采光照明不合理对视力的影响，采光照明设计要符合卫生标准。展品及阅览柜台面的照度不低于100Lux，满足于观众、顾客的视觉要求，利用充足的阳光，窗户玻璃要保持洁净。灯具的悬挂设置应适当，照明光线柔和均匀、不刺眼。注意用眼卫生，不使其发生疲劳。为防止噪声的影响，外界环境及室内环境都应保持宁静。产生机械噪声时应采取防振、隔声消声措施，减少和消除噪声的污染。

随着人们生活水平的提高，娱乐生活日益丰富，娱乐场所也日趋多样化，包括电影院、剧院、录像室、音乐厅、歌舞厅、网吧、音乐茶座、咖啡厅及酒吧等。娱乐活动丰富了人们的生活，起到调节精神、消除疲劳、增进友谊、促进身心健康的作用，但娱乐场所一般空气不流通，人群较多，容易出现空气污染。另外，光线过强或过弱，噪声较大，均会使观众感到疲劳、头晕嗜睡，甚至恶心等，容易引起呼吸系统和肠道传染病的传播。

商场

商场是指在一定建筑物内从事商品经销活动的经营场所，是商业系统的典型形式和集中体现，在人们生活中具有重要意义和作用。商场种类繁多，经营方式复杂，一般分为综合性商场、专业性商场、展销商场和自选商场等。在现代社会中，商场是人们生活中必不可少的一个公共场所，商场卫生状况的好与环，将直接影响到顾客和服务人员的健康。

商场是重要的公共场所，具有人群密集，接触频繁，易于疾病传播，采光不良，通风较差，空气易受污染的特点。商场内商品种类繁多，各种化纤织物、玩具、装饰材料等可释放出多种有机物（如甲醛）可刺激皮肤和呼吸道黏膜，长期吸入可导致慢性中毒。由于空气流通不足，各种病原微生物（如结核杆菌、金黄色葡萄球菌、流感病毒等）可在室内停留，成为吸入性传播疾病的主要原因。百货商场的楼梯、扶手及柜台、栏杆都可能被病毒或细菌污染。货币和书籍也可能因为多人使用和翻阅，成为传播疾病的媒介。商场内人声嘈杂，试听家电音响等均会造成噪声污染，对顾客的健康产生不利影响。

为使商场满足健康要求就要做到以下几点：(1) 要保持适宜的气温、湿度和良好的通风；保持空气新鲜，各种指标均在正常范围；为保持适宜的温度，规模较小的建筑物可采用局部采暖，较大建筑物宜采用集中式供暖。为保证适宜的通风效果，规模较小的场所可充分利用自然通风。营业面积在 $800m^2$ 以上的应有机械通风设施，营业厅最小通风量为 $1.0m^3$/(人·h)；有空调装置的房间新风量应不小于 $20m^3$/(人·h)。(2) 采取合理的采光与照明设施；营业厅应充分利用自然采光，双侧或多侧开窗采光，窗玻璃面积与地表面积比不小于 1∶4。同时应安装人工照明设施，正确悬挂与配置照明灯具，光线应均匀柔和稳定，不眩目。柜台台面照度不应低于100Lux，能保证顾客辨别商品；同时防止从业人员视觉疲劳和工作效率降低。（3）商场内噪声应低于85dB。除了以上要求商场需作到外，作为顾客在商场内购物时，也应遵守商场内的规定，不在商场内抽烟，以免造成不必要的污染。商场是货币大量交换的场所，保持人民币清洁卫生是每个顾客和营业人员应尽的义务，也是社会主义精神文明的重要体现。

随着商品经济的不断发展，利用地下空间开设商场、旅馆、娱乐场所等越来越多，这类场所主要卫生问题是不良气象条件、噪声、照度不足及室内空气组成不合理等因素对人体产生影响。由于地下室通风设备送入的空气如未经除湿处理，会造成空气中相对湿度过高，室内与地面气温相差悬殊，人在这种环境中长时间停留会产生不适感。地下公共场所噪声的污染主要源于建筑通风设备。地下公共场所依靠人工照明，如能见度低造成昏暗感，使人视觉疲劳。由于场所内往往人员密集，若通风不良，造成二氧化碳过高，空气中二氧化碳含量过高是其空气组成不合格的主要问题。

为解决以上问题，地下场所的通风系统在送风中要进行除湿处理，以防止地面上过湿空气直接送进地下室。解决噪声源的问题应合理选择通风设备，建立通风机室，并对通风机室进行严密的隔声、吸声处理。地下公共场所应用的光源亮度要能满足照度要求，在走廊、过厅尤其拐弯台阶处配置一定数量的照明器，为了解决人从地面进入地下活动场所时由明到暗的适应过程，地下场所出入口处要设置过渡照明设备。地下场所必须采用性能可靠的机械通风设施，根据空间计算换气次数并较好地利用建筑物本身的出入口、通风孔进行换气。

候诊室是患者就医的最初场所，也是门诊患者停留时间最长的场所，是医院建设最基本的组成单元。由于医院的候诊室类型不同，存在不同的卫生问题：（1）厅式：这种候诊室为多功能式，病人进行候诊、取药、交费、治疗等均集中在一起。各种病人混杂在一起，容易交叉感染；（2）走廊式：病人按不同病种等候在诊室附近走廊内，优点是病人相对分开，可减少交叉感染的机会，但常常由于人流线长，管理分散，造成病人拥挤在各诊疗室门口，不利于就诊；（3）廊、室结合式：此种除有走廊外，还在走廊侧面设分科候诊室，病人可通过走廊到二次候诊室就诊；其优点是分散了病人，还可减少病人之间的交叉感染的机会，目前一些新建的医院采用此种方式。

医院候诊室是病人等候就诊、处置、治疗的场所，进出的人员有病人，也有健康人，病人中可能患有各个系统的疾病，十分复杂。由于医院候诊室空间相对有限，人群不可避免要频繁接触，在接触过程中造成某些疾病的传播。可能传播的疾病有呼吸系统传染病，如流行性感冒、流行性脑炎、肺结核等。还可能通过口、手的接触，传播肝炎、痢疾、伤寒、肠炎等消化道传染病。某些皮肤性疾病也能通过污染的环境设施进行传播。为预防上述疾病的传播，医院候诊室首先要做到保持室内空气良好，医院候诊室内的良好通风，有利于候诊室内空气清洁和保持良好的微小气候，可减少空气污染，减少借助空气传播疾病的发生。因此，加强医院候诊室的通风是防止交叉感染的重要措施。此外要建立健全卫生管理制度，配备卫生管理人员，负责候诊室内的卫生管理，认真做好地面湿式清扫工作；建立消毒管理制度，对医院候诊室内空气和公用设备要及时清扫和消毒，候诊室的地面、痰盂、污物桶、门把手、水龙头、座椅可用质量分数为3％～5％来苏儿、2％的戊二醛等喷洒擦拭消毒。空气消毒应以加强通风为主，并可用紫外线灯照射，或用醋酸熏蒸，每 100m^3 用量 2～4ml，时间 30min。

候诊室除供患者等候诊疗外，还包括等候挂号、收费、取药、化验等活动。候诊室是病人聚集的公共场所，人流集中、病人病种复杂，患者抵抗力下降、易感染疾病。如果卫生管理不善，就会出现严重的后果，甚至可使病人之间交叉感染，造成某些疾病的传播而增加病人的痛苦。为了方便病人，保护就诊、陪诊人员的身体健康，防止交叉感染，必须提供良好的候诊环境。良好的候诊环境可以概括为：(1) 医院候诊室要保持清洁、整齐、安静、明亮和加强通风换气，保持室内空气新鲜，保证候诊室有较舒适的环境。(2) 患者用过的废弃物和排泄物是环境污染的主要来源，加强候诊室的卫生管理工作，坚持经常清扫地面、建立空气和桌椅的消毒制度，是防止各种疾病，尤其是传染性疾病的传播关键环节。医院候诊室的废弃物要坚持每日消毒制度。(3) 设立分科候诊室有利防止各种疾病的交叉感染，符合预防医学的要求。(4) 候诊室内禁止吸烟和从事其他污染环境的活动，以保持候诊室有良好的空气环境。(5) 不得在候诊室出售商品和食品，防止商品污染环境，切断疾病的传播途径。(6) 公用饮水杯具是传播疾病的媒介物，候诊室内不设公用饮水杯具。

交通场所

飞机、铁路、客轮、长途汽车是目前长途旅行的主要交通工具。旅客在乘坐前，一般都要在办理购票后在候车（船、机）室内等候上车（船、机）。候车（船、机）室内人群密集，人员往来频繁，健康人和非健康者混杂，容易出现各种卫生问题。另外，在旅行当中长时间坐在汽车、火车、轮船或飞机的有限空间内，人员拥挤，空气不流通，健康人与病人接触时间较长，加之乘坐者处于疲劳状态，饮食生活规律改变，机体抵抗力下降，更容易引起身心健康失调和感染疾病。市内短途出行的主要交通工具是公共汽车，公共汽车的健康问题主要是通过近距离呼吸或直接接触传播传染病。

飞机是一种比较密闭的交通工具，飞行中乘客都要在机舱中度过，因此飞机机舱中的空气质量对乘客的身体健康非常重要。若机舱内的通风不足，导致机舱中二氧化碳浓度增高。虽然二氧化碳本身并没有毒性，但浓度过高则会对健康不利。在地面进行的实验表明，如果二氧化碳含量超过一定浓度，呼吸系统就会有明显不适的症状，所以飞机上过高的二氧化碳含量是“对健康相当不利”的。此外，高空中的臭氧也有可能随气流被吸入机舱，尤其是在南北极地区，因为那里的臭氧层较低。臭氧会导致呼吸道发炎，并削弱肺的功能。20 世纪 70 年代，当航空业刚刚开始洲际飞行业务时，许多机组人员都出现了“臭氧中毒”症状。于是一些航空公司开始在长途班机上安装能够将臭氧转变成氧气的转化器，但并不是所有航班都安装了这种转化器。机舱内的空气还有可能被其他物质污染，比如发动机泄漏的汽油、液压油、杀虫剂、空气中的过敏原及一氧化碳等。从航空生理的角度分析，与飞机安全有关的因素主要是气压，而气压的降低又是高空气候最突出的特点。也就是说随飞行高度增加可导致氧分压降低，从而造成人体组织和器官的氧含量降低。由于缺氧，人身体会产生各种症状。一般来说，人体的阈限高度为 1000～1500 米，若超过这一高度，最早的缺氧症状就会出现。严重的症状有气喘、头痛、头晕、恶心、视力模糊、心慌，甚至会发生嗜睡、意识丧失、抽搐、木僵等危症。研究认为，飞行高度在 2450m，对于未曾患过心血管和肺部疾病的人来说，在静息状态下这一座舱高度时血氧饱和度约为 93％，若超过这一高度，人体就必须恢复生理代偿机制以适应生理的需要。这就是飞机上为什么把这一高度定为临界点，超过此高度以上必须备有旅客用氧的原因。随飞行高度升高，血氧饱和度下降，人可相继出现脑功能损害，暗视力受损，智力和情绪发生改变。人在飞机上发生危险的严重程度，取决于飞行高度和在相应高度上持续的时间。乘客长时间坐在狭小的座位上，腿部血液流通不畅，形成凝块。这些血块有的会自行溶解，有的则在乘客下飞机后随其血液而流动，当其进入肺部或心脏的一些小血管时极易引起大面积栓塞，严重时甚至会导致患者猝死。医学上称这种症状为深层静脉血栓栓塞。其危险性在于乘客不易察觉，以为只是腿部麻木而已，当他们下飞机后出现症状时，已来不及抢救。要预防也很简单。只要做到以下几点就不会有什么问题了：至少间隔一两小时即在机舱里走一走，做一些简单锻炼；多喝水和果汁，不喝酒，不服安眠药；登机前服一片阿司匹林（高血压病患者不宜）；穿宽松衣服等。航空公司也应采取有效措施改善机上环境，如改善机上空气流通，扩大座位空间等，以减少危险。飞行中大气压和其他因素的变化对人体会产生一些影响。对正常人来说，飞机对人体的循环系统、呼吸系统、脑功能和耳都有一定影响，如气压的变化会使人产生头晕、心慌、胸闷以及耳内疼痛等症状。这就是为什么有的旅客乘坐飞机后，引起航空性中耳炎、航空性鼻窦炎等病的缘故。有这类病史的人，坐飞机最好备用滴鼻净之类的血管收缩剂，以减少鼻部咽鼓管处的肿胀和水肿。对心脏病、高血压病及极度衰弱的病人来说，气压变化的影响作用会更加明显，尤其是血压升高、心输出量减少、呼吸困难等症状的出现，更易引起严重后果，甚至危及生命。患有心血管系统疾病的人，在空中旅行容易引起充血性心力衰竭、心肌缺血、肺动脉高压和并发高血压病。对于患有传染性疾病的病人，为避免飞机作为载体扩散，民航国内航班交通检疫规则有明文规定，这类患者禁止乘机。孕妇在飞行途中，容易发生早产、流产、胎儿宫内缺氧等意外事故，一般根据孕妇的身体状况，在孕期 32 周前乘飞机比较安全。由于临床医学和航空医学的不同，对患有疾病的乘客最好由机场医疗部门结合航空医学知识做出比较安全的判断，经航空公司同意后才能登机。病情较重者，即使有医疗证明需要乘坐飞机，也必须要有随同的医生和携带急救药品，否则病人乘坐飞机将是很危险的。

当人们乘坐各式各样现代化的小汽车时，会感到既舒服又惬意，然而，如果人们经常或长时间乘密封度较好的小车，就会感到不舒服，甚至会恶心、呕吐和虚脱。研究结果发现，车内空气的苯、甲苯、铅、镍、铬、锰6种有毒污染物浓度比车外空气中的含量高3～5倍。由此可见，小车内的空气污染程度是相当严重的。造成小车内空气污染的原因，除不合格的内装饰材料排出的有毒物质（包括甲醛）外，人体的污染也是一个重要的原因。人体的代谢产物有400多种，由呼吸排出的有149种，汗中有151种，通过皮肤表面排出的有271种。这些污染物质中含有二氧化碳、一氧化碳、烃和丙酮等。这些污染物质在密封性较好的小汽车内不易排出，人在车里呆久了就会深受其害，感到身体不适。车用空调蒸发器若长时间不进行清洗护理，其内部会附着大量污垢，所产生的胺、烟碱等有害物质弥漫在车内，导致车内空气质量差甚至缺氧。在夏季，大约有65%的司机在驾车时会出现头晕、困倦、咳嗽的现象，使司机感到压抑烦躁，注意力无法集中，甚至发生交通事故。健康专家把这些症状统称为驾车综合征，驾车综合征主要是因为车内不洁净空气引起的。

公共通讯设备的健康问题

众所周知，电话是现代工作、生活必不可少且使用频率越来越高的通讯工具。但因人们对电话机的卫生问题未予注意，故电话机受病原体污染的状况日趋严重。据有关部门对公共电话调查结果显示，检出细菌种类有大肠菌群、金黄色葡萄球菌、绿脓杆菌、链球菌等，有的还检出结核杆菌、寄生虫卵、乙肝表面抗原等。打电话的既有健康人，也有病人。当病人打电话时，由于口腔离话筒较近，常常会将病菌喷到话筒内。话筒内阴暗潮湿，适合病菌生长繁殖。健康人若不当心，使用电话时就可能将病菌吸入口、鼻。使用者手上的细菌、病毒、寄生虫卵等都可沾染在电话机上，引起流感、咽炎、流脑、皮肤病、眼结膜炎、肺结核和肝炎等疾病。

为了使电话机少受污染，防止或减少通过电话机传播疾病的发生，我们应该养成卫生文明的打电话习惯。通话时口与话筒保持适当距离（10cm 左右），不要将面颊、耳朵紧贴电话机，使用电话后、进食前要用肥皂清水洗手；卫生防疫、邮电部门应加强对电话机的消毒工作，可用 0.2％过氧乙酸、3％碘伏液、0.5％消毒灵或 2％SF 消洗灵等作定期消毒；家用电话应每月消毒一次。可在电话机内安装卫生电话膜，并定期（约 30 天）更换；讲究社会公德，传染性疾病患者尽可能不使用公用电话机。

居住区绿化

城市栽种植物是一种改善城市生态、保护环境、为居民提供休憩场地和美化城市景观的活动。城市绿化植物应具有抗污吸污、抗旱耐寒、耐贫瘠、抗病虫害的能力。植物种类很多，合理的绿化布局有利于居民健康。如合理配置乔木、灌木、草本和藤本植物，种群间相互协调，有复合的层次和相宜的色彩，使具有不同生态特性的植物各得其所，能充分利用阳光、空气、土地等，构成一个稳定的、和谐有序的群落。绿色是生命的象征，绿色植物不仅能起到美化环境的作用，还能发挥以下作用：(1) 调节和改善小气候。如植物能吸收热量，使其附近的气温下降。植物叶面大量蒸发水分，有调节湿度的作用。大片的树林能减低风速。(2) 净化空气，降低噪声。绿色植物对空气中的尘埃有阻挡、过滤和吸附作用，如吸附空气中的颗粒物和有害气体。许多植物的分泌物有杀菌作用，树木还具有反射和吸收噪声的作用，并可阻隔放射性物质和辐射的传播。(3) 对人类有良好的生理和心理作用。绿化可以调节机体的热平衡。绿色环境也能使人产生满足感、安逸感、舒适感，并能调节神经的紧张度，使人充满活力。人们的生活因此而丰富，精神因此而焕发。总之，绿化有利于居民的身心健康。城市绿化用地可按功能分为公园绿地、生产绿地、防护绿地、附属绿地等。居住区绿地可划分为 4 级：居住区公园，应距离居住区 800～1000 米距离；居住小区公园，是居民活动的主要场地，服务半径不超过 400～500 米；组团绿地，主要以低矮的灌木、篱笆和花草为主；宅间绿地，是同居民关系最密切、使用最频繁的绿地。

居住区噪声对健康的影响

什么样的声音才能称为噪声?

噪声是指对人生活和工作有害的杂乱声音。它可以定义为嘈杂的、有害的声音，使人听到后感觉不舒服。

声音是由物体振动产生的，通过声波传到我们的耳朵。噪声的振动没有规则，没有确定的周期。那些杂乱无章、对人的听觉神经以强烈刺激的声音，就是我们平常所说的噪声。长期处于噪声污染的环境中，不仅掩盖了自然之声，而且人类被迫接受它的伤害。声波具有能量。声波的能量越大，声音就越强。通常用声级计测量声波的大小，声级的单位是分贝（dB)。正常人刚能听到的最小的声音叫做听阈，听阈的声强为零分贝；人耳开始感到疼痛的声音叫做痛阈，痛阈为 120 分贝。叶子掉落到地上产生的声音是 10dB，人们轻声耳语时为 30dB，一般交谈时为 60dB，大声吵嚷时为 80～90dB，火车、拖拉机行进声为 100dB，大炮发射、飞机起飞为 130dB。噪声超过 120dB，就会对耳朵产生致命损伤。当然，并不是所有分贝很高的声音，都是噪声，有时还同声音的音调和人的愿望有关。同样播放录音机的音乐，如课后或工余听听感到是一种享受，如正在朦胧睡觉时听到，却感到是一种干扰。这种不需要的干扰声，就是噪声。噪声属于听觉公害，在环境中具有不累积、不持久，也不会给环境留下什么污染物等特点，而且噪声源是分散的，同时，一旦污染源终止，噪声也消失了。因此，噪声是无法集中处理的，还要从声音的物理量（声波）和对人耳刺激的感受，来衡量噪声的强弱和对人类的危害程度。

城市环境噪声的来源

城市的噪声污染远比农村严重，这是因为城市人口众多，工厂和商店相对集中，车辆也较多。城市环境噪声污染主要来自交通噪声、工业生产噪声、建筑施工噪声及社会噪声。其中，交通噪声约占城市噪声的70%。交通噪声是由各种机动车辆、火车、飞机及轮船等交通工具在运动中产生的噪声，是城市中分布最广、危害较大的噪声源。我国许多城市因道路狭窄，自行车数量多，快慢车道不分，汽车的刹车、启动频繁，喇叭鸣叫过多。交通噪声对沿交通干线居住的居民有一定影响。交通噪声强度与交通工具种类、数量、速度和行驶情况等有关。交通噪声的特点是随时间变化而变化，它是一种非稳态噪声。工业噪声是持续稳定的，如果长期居住在产生噪声的工业企业附近会对身体产生不良影响。建筑施工噪声由于它存在各种操作，因此其声源特点是经常变化，具有突发性、冲击性、不连续性等特点。社会噪声是各种人为活动产生的噪声，如居民在农贸市场、娱乐场所、学校活动及使用家用电器等。对人们影响最多、最广泛、治理最困难的是社会生活噪声，如娱乐场所、商店市场的音响设施和人群活动，以及家庭生活中儿童哭闹，收音机、电视机产生的声音等。这些噪声虽然一般都低于80dB，但却经常令人烦躁、心神不定，造成生理障碍。

科学研究表明，人类工作、学习和生活的最佳声音环境在15～45dB。不过，人若在无声环境下长期工作、学习和生活，也会造成精神抑郁、烦躁不安。所以，我们要创造一个宁静而又和谐悦耳的声音环境，生活将会更美好！

噪声污染的危害

（1）噪声对人体的危害　在自然界中，发生地震、火山喷发、雪崩、雷鸣、暴风骤雨和海啸等天然噪声，由于时间短或者偶然发生，对人类的影响不大。但人为噪声，是人类的“无形杀手”，时刻在伤害人的肌体，特别是听力和神经系统。噪声污染已引起人们的关注和警惕。

噪声对人体主要产生两类不良的影响，一是对听觉器官的伤害，二是对神经系统、心血管系统和内分泌系统的损害。短促的、强烈的噪声，会使人感到刺耳，脱离噪声源后不久，就能恢复。但长期在噪声环境里工作，就会产生听觉疲劳、听觉敏锐性下降，听觉器官发生永久性病变——噪声性耳聋。

噪声通过人的听觉器官长期作用于中枢神经，可使大脑皮层的兴奋和抑制平衡失调，形成“噪声病”。80～85dB 时，表现为头痛、睡眠不好；90～100dB 时，情绪激动，感到疲劳；100～120dB 时，头晕、失眠、记忆力明显下降；140～145dB 时，造成耳痛，引起恐惧症。噪声可导致心动过速、心律不齐、心肌受损，血压升高，导致动脉硬化、冠心病等；噪声还可引起胃肠道消化系统功能紊乱，使胃溃疡和十二指肠溃疡发病率提高。噪声环境下的儿童智力发育比较缓慢，而且噪声还能够影响胎儿的体重发育，并造成胎儿畸形。噪声还容易影响人的工作效率，干扰人们的正常谈话。在噪声环境中工作往往使人烦躁、注意力不集中、差错率明显上升。在 65dB 以上的噪声环境中，必须提高嗓门交谈；而在 80dB 以上，就是大叫大喊，也无济于事。

噪声对人的危害是多方面的。它影响听力，引起神经系统、心血管系统、消化系统的疾病，降低学习和工作效率等。下面列举主要的危害。

①损害听力。长期在噪声环境中工作的人，听力会下降，产生噪声性耳聋；为了保护听力，噪声应在 90dB 以下。突然的强烈的噪声，会使耳朵鼓膜破裂、出血，甚至双耳完全失去听力，产生暴震性耳聋。我国某些城镇除夕夜集中燃放鞭炮时，噪声可达 120dB，会大大损伤人的听力，对少年儿童危害更大。

②使人致病。噪声使人体紧张，引起心律改变，血压升高，诱发心脏病；噪声还影响神经系统，引起神经衰弱、失眠、头晕、头痛、记忆力减退等；噪声还会诱发消化系统疾病，引起胃溃疡等。

③影响人的心理。使人烦恼、易怒、易激动，甚至失去理智；分散人的注意力，引发交通、工伤事故。

④干扰睡眠、交谈、学习和思考。为了保证工作和学习，噪声不能超过 70dB；为了保证睡眠，噪声不应超过 50dB。此外，噪声还会影响儿童的智力发育和胎儿的生长发育等。

长期暴露在噪声很大的环境中，会引起失眠、头痛、记忆力分散等各种疾病。人耳中的耳膜和听小骨链如果长期受到持续不断的噪声的影响，耳朵的局部内部组织会发生硬化和变异，导致听不见声音（失聪）。

（2）噪声对动物的影响　有人给奶牛播放轻音乐后，牛奶的产量会增加，而强烈的噪声使奶牛不再产奶。20 世纪 60 年代初，美国一种新型飞机进行历时半年的试验飞行，结果使附近一个农场一万只鸡羽毛全部脱落，不再下蛋，有六千只鸡体内出血，最后死亡。

（3）噪声对建筑物的损害　声音是由于物体发生振动而产生的。振动波在空气中来回运动和振动时，产生了声波。强烈的声波，能冲撞任何建筑物，在 140dB 以上，会使玻璃破碎、建筑物产生裂缝；在 160dB 以上，导致墙体震裂以至倒塌。不仅如此，在建筑物受损的同时发声体本身也因“声疲劳”而损坏。

控制噪声的措施

政府的决策

城市在规划建设之前应合理分区，尽量将生活居住区的位置安排远离工业区及交通运输区。另外设置绿化隔离带也可降低噪声。加强交通管理对降低交通噪声也有重要作用。

世界卫生组织最近就全世界的噪声污染情况进行了分析调查，认为全球噪声污染已经成为影响人们身体健康和生活质量的严重问题，呼吁世界各国积极采取有效措施予以控制。

世界卫生组织在新近发表的一份调查报告中说，美国及发达国家的噪音污染问题越来越严重。在美国，生活在85dB以上噪音污染环境中的居民人数20年来上升了数倍；在欧盟国家，40％的居民几乎全天受到交通运输噪音污染的干扰，这些居民相当于每天生活在55dB的噪音环境中，其中20％的人受到的交通噪音污染超过65dB。此外，在发展中国家的一些城市，噪音污染问题也已相当严重，有些地区全天24小时的噪音达到75～80dB。

世界卫生组织指出，噪音污染不但能够影响人的听力，而且能够导致高血压、心脏病、记忆力衰退、注意力不集中及其他精神综合征。研究表明，人听觉最高可以接受30dB的音量，当室内的持续噪音污染超过30dB时，人的正常睡眠就会受到干扰，而持续生活在70dB以上的噪音环境中，人的听力及身体健康将会受到影响。

该组织指出，外界噪音污染主要来自航空、公路、铁路运输以及工程施工和工业生产等；而室内噪音污染则来自风扇、电脑及其它家用电器。为此，他们建议各国政府将治理噪音污染纳入国家的环保计划，将卫生组织的指导性标准视为噪音治理的长期目标，制定和实施有关噪音管理的法律法规，支持有关减少噪音的科学研究。

世界卫生组织在报告的最后表示，该组织将积极协调有关减少噪音污染的国际性研究项目，支持发展中国家的治理噪音计划，制定和完善有关噪音的测量标准，鼓励有关噪音对环境和健康影响的研究，进一步加强有关噪音污染的宣传，让全社会重视噪音污染的危害，减少噪音污染对人类健康的影响。

居民的行动

①驾驶车辆要严格控制鸣笛，特别是在市内禁鸣区不要鸣笛，以尽量减少交通噪声。②装修房屋时，要注意施工时间的安排，事先要与邻里打好招呼。③在家里使用家电、乐器或进行娱乐活动时，要注意音量和时间的控制，不要打扰邻里的正常休息和生活。④在从事商业买卖中，请不要高声叫卖和使用音响招揽顾客。⑤做一名噪声污染义务监督员。当你受到工矿企业、经营性文化娱乐场所及建筑施工所产生的噪声危害时，你可以向当地环保部门投诉；当你的生活因邻居装修房屋、家庭娱乐、高音喇叭或公共场所使用音响设备产生的噪声而受到危害时，你可以向当地公安机关投诉，也可以直接向人民法院起诉。如果你真的成为一名噪声污染的义务监督员，并履行了自身的职责，那么有一天你可能发现，你的生活环境已变得越来越宁静、温馨了。

怎样预防居住区及居室内噪声污染?

按国家标准规定，住宅区的噪声，白天不能超过 50dB，夜间应低于 45dB，若超过这个标准，便会对人体产生危害。室内噪声应低于所在居住区域标准值 10dB。

居民居住的居室内的噪声来源除了室外环境各种噪声来源，还有居室内产生的噪声。家用电器噪声是居室普遍存在的。缝纫机、收录机、洗衣机的噪声一般为 50～80dB，电视机的噪声为 60～83dB，电风扇的噪声为 30～65dB。这些噪声虽不属于强噪声，但长时间在这种噪声下生活会有损健康。因此使用家用电器要适当控制音量，时间不要过长。

为了使居室环境安静，防止噪声污染，就要做到以下几点：(1) 首先要尽可能避免噪声。虽然国家已经着手对噪声进行治理，但要根本解决问题，却不是一两年能办到的。因此，我们应该从自己和家人做起。例如，在不影响工作、学习和娱乐的情况下，应严格控制家用电器和其他发声器具的音量和开关时间。尤其是高频立体声音响的使用，其音量一定要控制在 70dB 以下（以无震耳欲聋的感觉为准）。为了室内相互不影响，注意室内不同功能房间的封闭。（2）为了防止室外噪声，给自己家中创造一种寂静的气氛，安装双层玻璃窗和钢门，这样可将室外噪音减低一半，同时使得室内的声音较难传送出去。特别是临街的家庭，效果比较理想。（3）注意防止家用电器的噪声污染。在购置家用电器时，要选择质量好、噪声小的；尽量不要把家用电器集于一室，冰箱最好不要放在卧室，尽量避免各种家用电器同时使用，一旦家用电器发生故障，要及时排除，因为带病工作的家用电器产生的噪声比正常机器工作的声音大得多。（4）家庭成员和邻里之间要和睦相处，不争吵，不喧哗，适当控制娱乐时间，为大家特别是孩子创造一个安静、温暖、文明的环境。（5）遇到室内噪声污染的情况，可进行室内噪声检测，然后根据污染源采取相应的措施，如果是由外界造成的噪声污染，可与有关部门联系解决。

居住区周围的空气污染

空气污染的来源

空气污染包括自然和人为两大原因造成的污染。人为污染是由于人们的生产和生活活动产生的，如烟囱、工业排气等固定排放源，另外随着城市化程度的提高，交通工具等流动排放源也是人为污染的重要来源。首先了解燃料燃烧产生的空气污染物。我国工业燃料主要使用煤，其次是石油，城市中相当的地区也在使用煤来取暖。燃料燃烧产生的污染物有二氧化碳、二氧化硫、二氧化氮、水分和灰分，若燃烧不完全，则会产生一氧化碳、硫氧化物、多环芳烃等。冬天居民容易发生一氧化碳中毒就是因为煤不完全燃烧造成。工业生产排放的废气也是城市空气污染的主要贡献者。不同类型的工业排放的大气污染物各不相同。居民生活燃料燃烧排出的污染物与工业燃料相同，但它的特点是燃烧效率低及烟囱高度低，容易造成低空排放，也就是说这些污染物排出的高度正好在呼吸带水平。城市主要交通工具是汽车，汽车主要燃料是汽油和柴油。燃烧产生大量的颗粒物、二氧化硫、氮氧化物、一氧化碳及多环芳烃等。

以上谈到的大气污染物按照存在状态可分为气态污染物和颗粒污染物。气态如硫化物、氮氧化物、碳氧化物等。颗粒物污染从健康的角度出发划分为总悬浮颗粒物、可吸入颗粒物和细颗粒物。目前我国空气污染预报中以可吸入颗粒物作为颗粒物污染指数。

居民区大气污染的程度与污染源的排放量、污染源距离居民区的距离及污染源的排放高度有关，因此城市中的工业企业应尽量远离居民区或新建居民区，其次污染源的排放高度如烟囱一定要高，排出高度越高，污染物扩散的断面越大，污染物稀释的程度越大，接近呼吸带时污染物的浓度才会越低。另外污染的状况也与气象有关，如风吹来的方向，污染物会随着风向发生物理扩散，因此居民区一定要建在当地的上风向，而工业企业建在下风向。这样才能尽量避免空气污染物对居民区的污染。

空气污染物对健康的影响

空气污染物的直接危害

空气污染物主要通过呼吸道进入人体。大气污染物的急剧增加会造成急性中毒，典型的如伦敦烟雾事件。除了急性中毒特例外，一般空气污染物对人体产生慢性健康影响，表现为影响呼吸系统功能，降低机体免疫力，引起变态反应。大气中的二氧化硫、二氧化氮、硫酸雾及颗粒物长期反复刺激机体引起咽喉炎、眼结膜炎和气管炎等。呼吸道炎症反复发作，可以造成气道狭窄，气道阻力增加，肺功能不同程度的下降。有研究发现二氧化硫、二氧化氮及可吸入颗粒物浓度与人群肺功能降低以及慢性支气管炎发病率增高有关。另外颗粒物中含有大量有毒元素如铅、镉、铬、氟、砷等，这些有毒元素可能与心脏病、高血压及中枢神经系统疾病有关。有的研究还认为大气污染程度与肺癌的发生和死亡呈正相关，也就是说，大气污染程度越严重，生活在大气污染环境中的人们患肺癌的可能性就越大。

空气污染物的间接危害

提起温室效应人们可能不会陌生，它是由于大气中二氧化碳等气体增加，这些气体能吸收地表的热量，从而使大气增温，如果长期下去，就会使气候变暖。气候变暖对人类健康会产生多种有害影响。气候变暖有利于病原体的繁殖，从而引起传染病的分布变化，扩大流行程度和范围，加重对人群健康的危害。气候变暖可导致与暑热相关疾病的发病率和死亡率增加，如近年来夏季发生中暑的人数增加。气候变暖还会使空气中的真菌孢子和花粉浓度增高，导致人群过敏性疾病的发病率增加。此外，气候变暖引起降水量变化，最终导致洪水、干旱以及森林火灾发生次数增加。空气污染有可能是臭氧层破坏的原因。臭氧层破坏后，减少了臭氧层对紫外线和宇宙射线的吸收和阻挡，造成人群皮肤癌和白内障等发病率的增加，对地球其他动植物也有杀伤作用。在没有大气污染物存在的情况下，降水的 pH 值在 5.6～6.0，主要由大气中二氧化碳所形成的碳酸组成。当降水的 pH 值小于 5.6 时称为酸雨，酸雨的形成前体物质是二氧化硫和氮氧化物，二氧化硫和氮氧化物是主要的空气污染物。酸雨的危害表现为对土壤和植物的危害、影响水生生态系统、酸雨使土壤对重金属溶解增加从而影响植物和农作物，最终影响人类。酸雨还可腐蚀建筑物和文物，从而影响人类的活动。

电磁辐射和电离辐射对健康的影响

什么是电磁波?

机械波（如声波）的产生是由波源的振动，通过空间中存在的弹性媒质（如空气），将波源的振动由近及远地传播出去，就形成了机械波。例如向平静的水面上投去一个石子，可以看见以石子落入的那一点为中心，水波由近及远地传播开来；拨动琴弦，空气中激起声波，这些是我们看得见、听得到的。还有一些是我们肉眼看不见、耳朵听不着的，这就是电磁波。

电场与磁场都是物质存在的一种形式。电磁波是在空间以波的形式传播的电磁场。电磁能量以波的形式由振源向四周传播的过程叫做电磁辐射。电磁波在人类历史上起了重要作用。无线电技术和无线通信即是电磁波在现实生活中的应用。

广义上讲，电磁波可以分为无线电波、微波、紫外线、可见光、红外线、X 射线、γ 射线等。它们在真空中的传播速度都和光速相同，且都具有电磁波的共同性质，但它们的波长（或频率）不同。电磁波包括长波、中波、短波、超短波和微波。长波指频率为 100kHz～300kHz、相应波长为 3km～1km 范围内的电磁波；中波指频率为 300kHz～3MHz，相应波长 1km～100m 范围内的电磁波；短波指频率为 3MHz～30MHz，相应波长为 100m～10m 范围内的电磁波；超短波指频率为 30MHz～300MHz，相应波长为 10m～1m 范围内的电磁波；微波指频率为 300MHz～300GHz，相应波长为 1m～1mm 范围内的电磁波。我们可以按它们的波长或频率排列起来，称为电磁波谱。电磁波谱中波长最长的是无线电波，依次红外线、可见光、紫外线、X 射线，波长最短的是 γ 射线。各波段的电磁波由于波长不同，与物质的作用也不相同。它们照射生物机体时，可引起生物组织不同程度的生物物理和生物化学的变化。

电场与磁场都是物质存在的一种形式。电磁波是在空间以波的形式传播的电磁场。电磁能量以波的形式由振源向四周传播的过程叫做电磁辐射。电磁波辐射到人体后，被人体皮肤反射或被人体吸收，都容易造成对人体的伤害。

什么是电磁辐射污染?

随着人们生活水平的提高以及社会的发展和科技的进步，大量电子生活产品进入了人们的工作和生活环境，它们在提高工作效率、丰富精神和物质生活的同时，也产生了电磁辐射。

电磁辐射污染，即是高压电线、变电站、电台、电视台、雷达站、电磁波发射塔、电子仪器、医疗设备、办公自动化设备和各种电子生活产品（包括空调机、计算机、电视机、电冰箱、微波炉、卡拉 OK 机、VCD 机、音乐、电热毯、移动电话等）在正常工作时所产生的各种不同波长和频率的电磁波。它无色、无味、无形、无踪；无任何感觉，又无处不在，可以穿透包括人体在内的多种物质。人体如果长期暴露在超过安全的辐射剂量下，人体细胞就会被大面积杀伤或杀死，所以又被称为电子雾污染、电磁波污染。

电磁辐射对人类健康的影响

关于电磁辐射对人体危害的研究时间较长，国内外大多数科学家认为，电磁辐射对人体具有潜在危险。近年来，国内外对电磁辐射危害的相关报道不胜枚举，大量的调查表明，足够强的电磁辐射，通过生物组织的反射、吸收和穿透作用，对人体确有各种明显的危害。国外对狗、猴子、绵羊、白鼠等动物的实验发现，电磁辐射能产生病理、生理和神经效应，如灼伤，影响消化，引起兴奋、痉挛、不安、疲惫、白内障、高血压等症状。到目前为止，国际上因怀疑电磁辐射原因致病的诉讼案件呈上升趋势。虽然还未完全弄清电磁辐射对人体危害的机理和后果，但对人体易受电磁辐射危害的器官（如眼睛、睾丸、脑、神经、皮肤和血液等）进行了大量的研究。电磁辐射致病已经逐步被人类所认识，人类正在采取措施加以控制。

电磁波对人体的健康影响分为两大类，即致热效应和非致热效。致热效应是基于人体组织吸收电磁辐射能后机体温度升高引起的各种症状或疾患。非致热效应指的是人体吸收的电磁辐射能不足以引起温度升高时出现的症状或疾患。

电磁辐射的致热效应

所谓致热效应就是指吸收电磁辐射能后，组织或系统产生的直接与热作用有关的变化。由于生物体可以视为由电阻和电容构成的复杂组合体，所以比喻为装满生理盐水的大容器是极为恰当的。

当机体处在电磁场的作用下，人体内的分子发生重新排列。由于分子间的碰撞摩擦，消耗了电能而转化为热能引起热作用。此外，人体内还有电解质溶液，其中的离子因受到电场的作用而发生移动（传导电流），当频率很高时将在其平衡位置振动，也能使电解质变热。同时由于机体内某些成分为导体，而且在不同程度上具有闭合回路的性质，还可产生局部性感应涡流，而导致生热。由于机体内各个部分的导电、导热性能不同，电磁场对各个组织的热作用也不一样。如果吸收的辐射能很多，靠生物体的温度调节来不及把吸收的热量散发出去，则会引起体温升高，并引发各种症状。不同类型的人或同一人的不同器官对热效应的感受能力不一样。体弱者（如老人、儿童等）属于敏感人群；心脏、眼睛和生殖系统属于敏感器官。

热效应的学说比较合理地解释了电磁场使生物体生热的原因，但是它不能解释低强度的电磁辐射所引起的脑电、心电及血压等生理或病理的变化。

电磁辐射的非热效应

根据电磁辐射防护规定（GB8702-88）的定义所谓非热效应是指吸收电磁辐射能后，组织或系统产生的与直接热作用没有关系的变化。在不引起体温变化的低强度辐射作用条件下出现神经衰弱及心血管系统机能紊乱。

电磁场在生物体中的热效应和非热效应存在于电磁场对人体作用过程的始终。研究表明在强辐射场情况下，电磁波的致热作用占主导地位；而在长时期的低辐射电磁场作用下，电磁场的非致热作用占主导地位。对非热效应的机理了解得还不十分充分，但确实存在这种效应：即吸收的辐射能不足以引起体温升高，但却出现生物学变化或反应。这类效应会影响人体的神经系统、循环系统、免疫功能、生殖功能等，研究发现，严重时还会诱发癌症。非热效应危害具体可细分为以下 6 个方面：

（1）造成儿童患白血病。医学研究证明，长期处于高电磁辐射的环境中，血液、淋巴液和细胞原生质会发生改变。意大利专家研究后认为，该国每年有 400 多名儿童患白血病，其主要原因是距离高压电线太近，因而受到了严重的电磁辐射污染。

（2）影响生殖系统。主要表现为男子精子质量降低，孕妇发生自然流产和胎儿畸形等，某省对 16 名女性电脑操作员的追踪调查发现，接触电磁辐射污染组的操作员月经紊乱明显高于别组。有关研究报告指出，孕妇每周使用计算机 20 小时以上，其流产率增加 80％，同时畸形儿出生率也有所上升。

（3）导致儿童智力残缺。据最新调查显示，我国每年出生的 2000 万儿童中，有 35 万为缺陷儿，其中 25 万为智力残缺，有专家认为电磁辐射也是影响因素之一。世界卫生组织认为，计算机、电视机、移动电话的电磁辐射对胎儿有不良影响。

（4）易引起神经衰弱，如头痛、头晕及失眠、健忘、多梦、食欲差。还影响人们的心血管系统，表现为心悸、失眠，部分女性经期紊乱、心动过缓、心搏血量减少、心律不齐、白细胞减少、免疫功能下降等。如果装有心脏起搏器的病人处于高电磁辐射的环境中，会影响心脏起搏器的正常使用。

（5）影响人们的视觉系统。眼睛属于人体对电磁辐射的敏感器官，过高的电磁辐射污染会对视觉系统造成影响，主要表现为视力下降、引起白内障等。

另外，高剂量的电磁辐射还会影响及破坏人体原有的生物电流和生物磁场，使人体内原有的电磁场发生异常。值得注意的是，不同的人或同一个人在不同年龄阶段对电磁辐射的承受能力是不一样的，老人、儿童、孕妇属于对电磁辐射敏感的人群。

电磁辐射对人体的作用及作用机制

人体是个导电体。电磁辐射于人体可产生电磁感应，并有部分的能量沉积。电磁感应可使非极性分子的电荷再分布产生极性，同时又使极性分子再分布，即偶极子的生成。偶极子在电磁场的作用下的取向将导致生物膜电位异常，从而干扰生物膜上受体的表达酶的活性，导致细胞功能的异常及细胞状态的异常。

人体的感受器管如眼、耳、皮肤上的冷、热、触、疼感受器接受外界刺激将产生神经冲动，神经冲动由周围神经系统再传到中枢神经系统产生反馈，反馈信息传给人体的效应器，产生人的有意识的行动。而这里所讲的神经冲动及所反馈信息，实质上就是神经细胞上的电传导。

当电磁辐射改变了生物膜电位时也就改变了神经细胞的电传导，扰乱人的正常电生理活动。日积月累会导致神经衰弱，自主神经功能紊乱。自主神经功能紊乱、腺体细胞功能状态的异常，将导致激素分泌异常。

电磁辐射使生物膜功能紊乱甚至破坏，会抑制细胞活性，如精子生成减少及活性降低导致不育症；脸部皮肤细胞代谢障碍而产生色素沉着等。

生物体是由细胞构成，其遗传物质是DNA。母细胞复制子细胞的过程就是DNA的复制传递及表达的过程。当这一过程受到电磁波及其它因素干扰时，就会诱发基因突变、促使变异细胞产生，例如诱发癌基因表达，导致癌细胞及其它变异细胞的产生。

电磁辐射作为一种能量传递方式，还会直接将能量传递给原子或分子，使其运动加速，进而在体内形成热效应。当微波作用于人的眼睛，眼睛晶状体水分较多，则更易吸收较多的能量，从而损伤眼的房水细胞。晶状体内无血管，代谢率低，很难将损伤或死亡的细胞吸收掉，日积月累在晶状体内形成晶核，导致白内障的产生，视力下降，甚至失明。

电磁辐射对孕妇的健康影响

怀孕的早期，也就是头三个月，是人的一生中发育最快的时期，早期妊娠的胎儿仅仅用七十多天的时间，就从最初的一个细胞发展成上万亿个细胞的人体。然而，这一时期也是人的一生中最脆弱的时期，最容易受到环境污染的侵害。其中电磁污染对胎儿的影响已愈来愈受到人们的关注。在一些动物实验中发现，电磁污染会干扰和破坏胚胎细胞的增长和繁殖过程，对胚胎的生长发育产生严重的影响。国外一些研究表明，长期使用计算机工作的妇女，孕后自然流产率明显增高。

孕妇所处的家庭环境、办公环境、户外环境都存在着不同程度的电磁污染，要想消除是不可能的，但也不是不可预防的。准备或已怀孕的妇女，尤其是在孕早期只要采取些预防措施，比如尽量减少操作电脑时间，保持工作环境通风换气，卧室内不宜安装使用电视、冰箱、微波炉等电器，不用电褥子；孕妇不要长时间看电视，操作电脑时使用防护围裙等就可避免或减少电磁污染对孕妇本人及胎儿的影响。

电脑对人体健康的影响

电脑给人们的工作、学习和生活带来很大的方便，然而也给人类的身体健康带来了不良影响。据日本科学家调查，电脑图像显示装置前的工作人员，感到眼睛疲劳的占 83%，肩酸腰痛的占 63.9%，头痛和食欲不振的则各占 56.1%和 54.4%。此外，还有出现自主神经失调、忧郁症以及“动脉硬化性精神病”等。调查发现，每周使用图像显示装置超过 20 小时者，身体健康方面出现问题的比其他正常人增加两倍多，而孕妇出现不良反应的竟高达 90%以上。

为什么电脑操作会影响健康？这是因为所有图像显示装置使用的都是高压静电，从荧光屏中释放的正离子会使操作者身体的代谢作用产生一系列的变化，从而降低了他们对疾病的抵抗力。荧光屏中的正离子像磁体一样，吸引了附近空气中的负离子，使操作人员得不到正常的负离子环境。据了解，电脑屏幕都是用含铅玻璃制成，能够遮挡一定的辐射，而电脑两侧和后部是没有这样的屏蔽的，人如果对着这些部位，辐射则无法阻挡。如今在很多写字间里可以看到，为了节省空间，电脑都是一个接一个的叠着摆放，而挡板无法遮挡辐射，对坐在前一间的人健康危害很大，如果多台电脑还会有累积效应。长期从事电脑操作的人员，可能经常出现眼干、脸痒、头痛等症状，而多数人一般认为是电脑屏幕的辐射引起的。其实电脑电磁辐射最厉害是电脑的“后脑勺”和两侧，最安全的摆放方式就是将电脑的“后脑勺”都靠着墙放，并且每台电脑之间的距离应在 1 米以上。实在没有位置的，人离电脑的“后脑勺”的距离也要保持在 1 米以上。

如长时间处在这种缺少负离子环境中的孕妇，会感到头痛、气闷、沮丧和食欲降低，还可能引起早产或流产，甚至胎儿畸形。产生胎儿畸形的原因，还可能是由于电脑发生的少量射线破坏了人体遗传因子所致。为此，在日本劳动省曾规定，电脑操作人员应每隔1小时休息10～15分钟，对工作场所的照明、工作椅和人体离电脑的距离等也作了严格的规定。青年男女在工作时必须穿戴微波防护服，同时改善操作室防护设施。妇女在怀孕期间，最好不要从事电脑和录像显示工作，以防患于未然。对于女性来讲，电磁辐射不仅对女性生殖机能及胚胎发育有危害，还可能导致乳腺癌。

如何防止电脑辐射?

虽然电磁场看不见摸不着，但重视其危害、加强对电脑的防护很有必要。要防止电脑的电磁辐射对人体的危害，主要是通过以下途径。

(1) 尽量远离电磁场源，使其影响相对减弱。使用微机时，要与之保持较大的距离。最好不要用很小的工作台。电磁场、电磁辐射对人体的影响和人与电磁场源之间的距离的平方成反比。假若人与电磁场源的距离为1米时受到1个单位的影响，当他与电磁场源的距离为2米时就只受到1/4个单位的影响，而他与电磁场源的距离为10米时，就仅受到1%个单位的影响。因此，有意识地保持人与微机显示器较大的距离，对防止危害有明显的效果。

(2) 限制在电磁辐射环境中的停留时间，以减少其对人体的危害。操作电脑不宜连续太长的时间。儿童处于发育期，容易受到伤害，尤其需要注意。

(3) 注意卫生习惯，不宜边操作电脑边吃东西，工作完毕应洗手。注意皮肤清洁，应经常保持脸部和手的皮肤清洁。

(4) 注意工作环境，光线不可过亮或过暗，避免光线直接照射荧光屏。

(5) 安装防护装置，削弱电磁辐射的强度。可安装荧光屏辐射防护装置。比较流行和适用的产品，有荧光屏辐射屏蔽镜，还有偏光视保屏。它们都是安装在荧光屏的正面。辐射屏蔽镜采用了透明含铅导体接地屏蔽技术。据报道，质量好的产品，对低频、高频、微波、红外、紫外辐射的屏蔽效率都在90%以上，对X射线的屏蔽效率也在80%以上，而静电屏蔽效率几乎为100%。利用光学的循环偏光技术制造的偏光视保屏，据介绍能防止90%以上的电磁场辐射，并能加强显示器的对比度，增强显示的清晰度，基本上消除静电和眩光，还能减低荧屏泛光、吸收紫外光、保留原有色彩。采用此类防护装置，可挡住大部分荧光屏发出的各种频率的电磁辐射，全面保护人体的头、胸部位。

（6）不用不合格或不合适的产品。微机荧光屏的X射线是危害大的辐射线，合格产品对X射线有严格的控制。如果产品质量差，X射线则可能超过限制，而这类不合格品一般人无法观察判断，容易造成长期的危害。所以，要选择质量好的产品。有条件时，宜请专业人员或有经验的人进行必要的指导和检测。

买微机特别要重视对显示器的选择，从安全保健的角度讲，应注意显示器产品是否有多种质量认证标志。如：辐射认证和安全认证，国际上针对显示器制订了相应的标准辐射认证有MPR系列标准和TCO系列标准，安全性认证包括ISO9241、UL、CSA、TUV、FCC等，具体的标准和分类不在此详述。

（7）防治相关疾病。防治电磁场和其辐射的相关疾病是一个综合性的问题。长期从事电脑操作的人，由于电磁场、X射线和荧光屏光线的影响，很容易出现发昏、失眠、乏力以及视觉模糊、视力下降，眼睛发胀、干涩、发痒、畏光等症状，医学上称之为电脑病。

如何从个人习惯上防护电脑辐射?

1. 注意卫生习惯：不宜边操作电脑边吃东西，工作完毕应洗手。

2. 注意皮肤清洁：应经常保持脸部和手的皮肤清洁。

3. 注意补充营养：多吃水果、牛奶等食物，补充维生素 A 和蛋白质。

4. 注意正确姿势：眼睛与屏幕的距离应在 40～50 厘米。

5. 注意工作环境：光线不可过亮或过暗，避免光线直接照射荧光屏。

6. 注意劳逸结合：工作 1 小时后应休息 10 分钟，并做眼保健操。

手机辐射及其对健康的影响

手机电磁辐射

在了解手机辐射危害前，有必要了解什么是手机辐射，当我们用手机打电话时，音频信号经过手机转换为高频率的电信号，然后通过天线以电磁波的形式发射出去，这时在手机附近就会产生一定程度的电磁辐射，通常称其为手机辐射。手机的工作频率大多为 900MHz，双频为 1800MHz，均属于微波波段。

手机辐射对健康的影响

手机辐射的大小与使用的机站及手机的状态有关。测试结果发现：（1）手机呼出时与网络最初取得联系的几秒钟内，电磁辐射最大，第一声振铃之后，辐射逐渐减小。（2）CDMA 的辐射明显小于 GSM，CDMA 手机辐射最大值在 50～150 微瓦/平方厘米之间，GSM 大都在 800 微瓦以上，辐射最高的达 10000 微瓦。（3）内藏天线小于外置天线，但内置天线手机的背部电磁辐射比前板多出好几倍。（4）手机在待机状态也有电磁辐射，专家认为，手机放于衣袋中或挂在腰带上，不会影响人体健康。

虽然手机辐射的功率很小，似乎不必引起人们的重视；但事实恰恰相反，由于人们在使用手机时，必须将天线与受话器紧贴着人体头部的耳朵附近，结果手机电磁波就通过人的耳道进入大脑，因而大脑受到了超量的电磁辐射（所以有关专家指出，在使用手机时只要不让电磁辐射进入人体的耳道，就能较有效地防止辐射对人体的危害）。而人的大脑是人身体中最薄弱、最敏感也是最宝贵的地方，经常不断的电磁波进入大脑，必然会造成对大脑的伤害。

英国最近的一项试验表明，移动电话释放出来的辐射会对使用者脑部活动构成不良的影响，包括降低记忆力、学习能力及反应迟缓等。移动电话的辐射会令使用者部分脑部组织温度上升，情形如微波炉煮熟食一般。此外，移动电话会干扰脑细胞的钾离子通透力，令使用者在短时间内思考变得迟缓。电磁辐射对人体的危害主要表现是引起神经衰弱症候群和反映在心血管系统的自主神经功能紊乱，比如：头痛、头晕、周身不适、疲倦无力、失眠多梦、记忆力减退、口干舌燥、睡眠障碍、发热多汗、麻木、胸闷、心悸等症状；女性有月经紊乱；少部分人员血压降低或升高、皮肤感觉度低下、心动过缓或过速、心电图窦性心律不齐；少数人脱发。所以，移动电话辐射不可不防。

预防和减少手机辐射

虽然手机辐射相对较小，但由于当今使用手机很频繁，而且手机与人体距离很近，因此，我们要采取措施减少手机辐射对人体的危害。具体有以下方法。

（1）使用移动电话时，话筒不要紧贴头部，最好使用专用耳机接听电话，不要长时间通话，在医院、飞机上不要使用移动电话。

（2）应购买电磁辐射小的“绿色”手机。

（3）多吃胡萝卜、菠菜等含丰富维生素食物，常饮绿茶。

（4）放置手机应该在人体的头部之下，可防止人脑和眼睛受损。

（5）如果在室内使用手机应注意开窗通风。

预防电磁辐射的危害

正确看待电磁辐射的影响

其实人类一直生活在电磁环境里。地球本身就是一个大磁场，其表面的热辐射和雷电都可产生电磁辐射。此外，太阳及其他星球也自外层空间源源不断地产生电磁辐射。但自然界产生的电磁辐射对人体是没有损害的；对人体构成威胁、对环境造成污染的是人工产生的电磁辐射。

北京劳动保护科学研究所赵玉峰教授认为电磁辐射和电磁污染是两个概念，电磁辐射虽无处不在，无时不在，但电磁污染只有在电磁辐射超过一定强度（即安全卫生标准限值）后，才对人体产生负面效应，如在电磁辐射超强度的环境下长期作业，严重的可能引起部分人员流产、白内障，甚至诱发致癌。电磁辐射对人的影响虽普遍存在，不同的人或同一人在不同年龄段对电磁辐射的承受能力是不一样的，即使在超标环境下，也并不意味着所有人都会得病，因此大可不必对电磁辐射“草木皆兵”。当然，对老人、儿童、孕妇或装有心脏起搏器的病人，对电磁辐射敏感人群及长期在超剂量电磁辐射环境中工作的人应采取防患措施。

减少室内电磁辐射污染

对于家庭而言，最重要的电磁辐射防护措施是：抑制家用电子设备的电磁辐射，首先要做好屏蔽与接触。防电磁辐射装置前文已有叙述。其次，居室应尽可能少拉一些导线。最后，购买家用电器产品时，凡涉及直接或间接诱发电磁危害的要有明确的产品说明，要严格按操作程序办，防止因误操作、维修不当导致的灾祸。另外，还应该注意以下几点。

1. 室内办公和家用电器的设置不宜过密。不要把家用电器摆放得过于集中，以免使自己暴露在超剂量辐射的危险之中。特别是一些易产生电磁波的家用电器（如收音机、电视机、电脑、冰箱等），更不宜集中摆放在卧室里。

2. 使用办公和家用电器时间不宜过长。各种家用电器、办公设备、移动电话等都应尽量避免长时间操作，同时尽量避免多种办公设备和家用电器同时启用。手机接通瞬间释放的电磁辐射最大，在使用时应尽量使头部与手机天线的距离远一些，最好使用分离耳机和话筒接听电话。

3. 人体与办公设备和家用电器宜保持安全距离。对各种电器的使用，应保持一定的安全距离。与电器越远，受电磁波侵害越小。如彩电与人的距离应在 4～5 米；与日光灯管距离应在 2～3 米；微波炉在开启之后要离开至少 1 米远，孕妇和小孩应尽量远离微波炉。

注意电磁辐射污染的环境指数。专家提醒有 5 种人特别要注意：①生活和工作在高压线、变电站、电台、电视台、雷达站、电磁波发射塔附近的人员；②经常使用电仪器、医疗设备、办公自动化设备的人员；③生活在现代电器自动化环境中的工作人员；④佩戴心脏起搏器的患者；⑤生活在以上环境里的孕妇、儿童、老人及病人等。都应该了解室内电磁辐射污染的程度，如果环境中电磁辐射污染比较高，就必须采取相应的保护措施。

通过增强自身抵抗力预防电磁辐射危害

我国科学家发现：青菜萝卜可以抗辐射，油菜、青菜、芥菜、卷心菜、萝卜等十字花科蔬菜，不仅是人们餐桌上常见的可口菜肴，而且还具有防辐射损伤的功能。

“跑步吧！可少受辐射之害。”这是前苏联科学家通过科学实验得出的结论。体育锻炼可以增强机体对辐射的抵抗力。最近俄罗斯科学家在实验室迫使小白鼠快速跑步 1 个月，每周跑 5 次，跑步时间逐次延长，从初次 10 分钟延长到最后跑 1 小时。接着对这些白鼠和对照组未经跑步锻炼的白鼠施以同等剂量的 X 线照射。结果，对照组白鼠肠细胞受辐射损害的程度比“跑步”白鼠差不多高 1 倍。

居住区饮用水卫生

饮水的卫生学意义

水是生命之源，是构成机体的重要成分，人体内的一切生理活动（如体温调节、营养输送、废物排泄等）都需要在水的参与下完成。成人每天的生理需水量约为2.5～3L，通过饮水摄入的水量约占1/2。人体需水量随着年龄、气候、劳动强度和生活习惯等而异。正常情况下机体摄入量和排出量可通过调节系统保持平衡。水与人们的日常生活关系密切，除了上面介绍的水具有维持机体生理功能之外，水在保持个人卫生、改善生活居住环境和促进人体健康等方面都起着重要作用。

为了使人们日常生活维持在较高卫生水平，城乡给水就必须满足多项用水量。而且随着经济发展和人民生活水平的提高，人均用水量将不断地增加。为了达到水在卫生和生理上的作用，除了水量保证充足之外，更应有优良的水质，即水的感官性状好，不会使人视觉上有厌恶感，更重要的是水的化学成分和微生物等含量均应在安全范围内，从而保证居民饮水后身体健康。鉴于饮水与健康和生活关系密切，供给量足质佳的饮水对防止疾病的发生，促进人体健康以及维持和提高人民生活卫生水平都具有重要意义。

饮水的供应步骤

饮水是人们在生活、生产、工作、学习中必不可少的，人们在家里或办公地点，只要轻松地一拧水龙头，干净的饮水就会随时流出，这就是我们通常所称的自来水。自来水并不是天然生成的，它是通过将来自河流的水源水在水厂经过净化消毒处理之后，通过各级管道输送才成为用户使用的饮水。水源水的净化处理一般包括取水、混凝沉淀、过滤和消毒四个步骤。由于地下水水质比较好，因此通常不需要混凝沉淀和过滤这两步。

（一）取水　取水是指将水从水源引至水厂准备进行净化处理。

（二）混凝沉淀　混凝沉淀主要是通过向水中加入混凝剂，利用电中和作用和吸附架桥作用的原理吸附水中悬浮物质、部分细菌和溶解性物质，使水达到初步净化的目的。

（三）过滤　过滤净化的原理主要有两个方面。一是筛除作用，也就是说当水通过滤料时，一些颗粒由于粒径大于滤料孔隙，因而被筛除，随着滤层孔隙逐渐变小，被筛除颗粒的粒径也愈来愈小；二是接触混凝作用，细小的悬浮颗粒，因与滤料碰撞而被吸附。

（四）消毒　消毒是为了使水质符合细菌学要求标准，水在最终送至用户之前必须进行消毒。目前广泛使用的方法是氯化消毒法，其杀菌作用是依靠含氯的消毒剂（液氯、漂白粉、次氯酸钠等）加入到水中所形成的次氯酸，它是一种强氧化剂，能损害细菌的细胞膜，使蛋白质、脱氧核糖核酸和核糖核酸等物质释放出来，并可影响多种酶系统，从而使细菌死亡。

经过以上四步的净化消毒处理，再通过管道送达用户，即成为自来水。

饮水消毒及对人体健康的影响

饮用水在从水厂出来前必须要经过消毒，常见的饮水消毒剂有氯、氯胺、二氧化氯和臭氧等四种。但是，消毒过程中，氯与水中有机物反应，会产生一系列氯化副产物，这些物质往往对人体是有害的。通常将水中能与氯形成氯化副产物的有机物称为有机前体物。它们主要是腐殖酸和富里酸，藻类及其代谢产物，蛋白质，氨基酸，嘌呤和嘧啶碱基，核苷和核苷酸，以及其它类型化合物等。通常将氯化副产物分为两类，即挥发性卤代有机物和非挥发性卤代有机物，前者如三卤甲烷，后者如卤乙腈、卤乙酸、卤代酚、卤代酮和卤代醛等。大量研究证明，氯化饮水的有机浓集物具有致突变性。关于氯化饮水与人群癌症的关系，国外曾进行过许多流行病学调查，多数的结论认为饮水氯化与癌症的增加有关。有的报道还指出，长期饮用氯化自来水的人群，其膀胱癌、结肠癌或直肠癌的发病率相对较高。

为防止氯化副产物，可采取以下措施：一是尽可能选择有机前体物含量低的水源；二是加强混凝沉淀和过滤等净化措施；三是采用颗粒活性炭过滤，以去除已形成的氯化副产物；四是改用其它的消毒方法。

二氧化氯（ClO_2）是极为有效的饮水消毒剂，它的消毒效果好，剩余的 ClO_2 较自由性余氯稳定。氧化性强，同时还能除臭、去色，除铁、锰以及防止藻类生长。在常见的饮水消毒浓度下，ClO_2 及其歧化物 ClO_2^- 和 ClO_3^- 对正常人体不会引起不良反应。另外，ClO_2 与天然有机物反应不会产生三卤甲烷这类对健康有害的物质，因而 ClO_2 可能是一种较好的氯的替代消毒剂。但 ClO_2 消毒的缺点是成本高，制备含氯低的 ClO_2 较复杂。

臭氧的消毒效果较二氧化氯和氯好，同时不产生三卤甲烷等副产品，臭氧的半衰期极短，在清水池储存期间足以使其全部分解；缺点是成本高，在水中不稳定，控制和监测均需一定技术。同时，臭氧对输送水管有强烈的腐蚀作用，因而在出厂时就不会容许出厂水含臭氧，所以为防止管网中细菌生长，需要二次消毒。

由此可以看出，目前尚难以对这四种消毒剂及其副产物对健康的影响做出全面而正确的比较和评价。但因为我国目前主要使用氯化消毒饮水，因此若饮水的氯化副产物含量超标则应采取适当的防治措施。

介水传染病

通过饮用或接触受病原体污染的水而传播的疾病，称为介水传染病（又称水性传染病）。据报道，大致有 40 多种传染病是通过水而传播的。饮用水受到病原体污染主要导致消化道传染病，导致这些传染病发生的病原微生物分为三类：第一类是细菌，如伤寒杆菌、副伤寒杆菌、痢疾杆菌、霍乱弧菌、副霍乱弧菌等；第二类是病毒，如甲型肝炎病毒、脊髓灰质炎病毒、柯萨奇病毒、轮状病毒等；第三类是原虫，如蓝氏贾第鞭毛虫和溶组织阿米巴原虫等。它们主要来自人粪便、生活污水、医院以及禽畜屠宰、皮革和食品工业等废水。

介水传染病的发生原因基本上分为两种：一是水源受到病原微生物污染后，未经安全的消毒处理就供居民饮用；另一种是处理后的饮水在输送的过程中重新被病原微生物污染。例如自来水管网系统破损漏水，可在管网出现负压时遭到污染。如果饮用了这样的水或用这样的水漱口、洗餐具和瓜果蔬菜，就容易引起肠道传染病。

介水传染病发生后产生的危害较大。因为首先饮用同一水源的人较多，特别是集中式给水源受污染；其次病原体在水中生存虽然受多种因素影响，但一般仍能存活数日，甚至数月，有的还能繁殖生长；再次是肠道病毒、原虫包囊不易被常规消毒所杀灭。

介水传染病的流行特点表现为：一次大量污染物进入水体后，可出现爆发流行，绝大多数病例在潜伏期内发病；病例的分布与受污染的供水范围一致。绝大多数患者都有饮用同一水源的经历；一旦停止供水或加强饮水的净化消毒处理，对污染源采取有效的治理措施后，疾病就能迅速地得到控制。

饮水的化学性污染对健康的影响

水体被工业废水、废气、废渣和农药等污染后，饮水中某些有毒物质超过卫生标准限制的含量，可对人体造成危害，引起急性和慢性中毒。这些有毒物质包括汞、镉、铬、酚、氰化物、硝酸盐等。

水源中的铬主要来自电镀、冶金、化工制药、机电、制革、颜料等工业排放的废水。工业废水中的铬以三价和六价铬化合物为主。三价铬是人体必需微量元素，参与脂类和糖代谢。六价铬的毒性高于三价铬，铬中毒大都由六价铬引起。六价铬进入机体后被吸收到血液，易通过细胞膜进入血细胞，使血红蛋白变成高铁血红蛋白，造成缺氧。还能抑制某些身体必需的生物酶类的活性，干扰体内氧化、还原、水解过程。此外，六价铬还存在潜在的致癌性。

废水引起的汞中毒是由于水生生物体内富集了废水中的甲基汞，人长期食用含甲基汞的鱼、虾等水生生物而发生中毒。甲基汞的毒性大，进入人体后分布较广且不易分解，排泄较慢，可在脑中蓄积，阻碍细胞的新陈代谢，引起中枢神经和自主神经功能紊乱，对肝脏和肾脏也有损害作用。采取的预防措施是对含汞废水进行综合处理，防止污染水源水。

镉慢性中毒又称“痛痛病”。当用被镉污染的河水浇灌农田后，粮食和蔬菜等均会含有大量镉元素。人通过饮水、食物等途径将镉带入体内。镉进入人体后能在体内长期贮存，分布在全身各个器官，主要积存于肝、肾和骨骼中。镉能损害肾脏，以致尿中钙的排出量增高，可发展为“痛痛病”，导致骨质疏松和骨软化。病人出现腰、手、脚等关节疼痛，多年后发展为全身神经痛和骨痛，逐渐不能行动，骨骼软化易折断，晚期饮食不进，因虚弱疼痛而死。“痛痛病”潜伏期可长达 10～30 年，一般发生在 40～60 岁的绝经妇女，经产妇多见，男性病例较少。采取的预防措施是对含镉废水进行处理，防止污染水源水。

天然水体中也含有一定量的酚，酚污染主要来源于多种工业（如炼油、炼焦、煤气化、合成树脂、枕木防腐及造纸等）厂的废水排放、灭钉螺和害虫用的杀虫剂残留等。酚类化合物进入体内后，经过肝脏的解毒作用，大部分等氧化成苯二酚、苯三酚，并与硫酸、葡萄糖醛酸结合失去毒性并排除体外。肾脏是它的主要排泄器官，被吸收的酚在 24 小时内即可代谢排出，因此酚污染引起的中毒多系急性中毒。中毒病例的症状表现为皮肤瘙痒、恶心、腹泻、黑尿、口腔炎和口腔灼热感等。

水源中的氰化物主要来自炼焦、电镀、选矿、化工及合成纤维等生产中的废水。氰化物进入体内经胃酸作用形成氢氰酸，引起中毒。氰化物急性中毒的临床表现为中枢神经系统的缺氧症状和体征。慢性中毒主要表现为神经衰弱综合征、运动肌酸痛和活动障碍等。

水源中的硝酸盐除了来自地层外，主要有生活污水和工业废水；施肥后的径流和渗透；大气中的硝酸盐沉降；土壤中有机物的生物降解等。硝酸盐进入体内后，在肠道细菌作用下，可还原成亚硝酸盐，后者可与血红蛋白结合形成高铁血红蛋白，造成缺氧。亚硝酸盐长期摄入可能导致食管癌的发病。

高层建筑二次供水

高层建筑二次供水又称高层建筑二次加压供水。它是指供水单位将来自集中式供水或自备水源的生活饮用水，贮存于水箱或贮水池中，再通过水泵加压或凭借高层建筑形成的自然压差，二次输送至水站或用户的供水系统。由于城市高层建筑发展迅速，二次供水系统也随之增加。二次供水时常会发生水质污染，表现为水池和末梢水浑浊度、细菌数、大肠菌群数、铁、锰、氯仿、四氯化碳、亚硝酸盐的含量均较出厂水有所增加。而起到消毒水体作用的余氯则明显下降，表明二次供水在贮存、输送过程中受到一定程度的污染，水质下降。

二次供水水质污染的原因有以下方面：一是贮水池设计不当，形成死水，致使杂质沉淀，微生物繁殖；二是水箱、管道壁的腐蚀、结垢、沉积物沉积造成水质污染；三是管道壁的防腐涂料等不符合要求，致使涂料脱落，管道渗出物溶出，某些元素含量升高；四是上下管道配置不合理，管网系统渗漏，溢水管与污水管相连，无逆止阀，引起污水倒流，水质受到外来物质的二次污染；五是卫生管理不善，水箱无定期消毒制度、无盖等。

二次供水污染对健康的影响取决于污染的来源及污染物的性质。生物性污染常引起腹泻或痢疾。化学物质含量过高往往导致慢性危害。为了保证二次供水的水质，除了对二次供水设施加强审查，还应加强经常性卫生管理和监督，建立定期清洗消毒制度，保证高层建筑居民饮用到安全卫生的水。

合理选择饮水

目前市场上各种各样的水类产品，如各种碳酸饮料，矿泉水、纯净水、蒸馏水、富氧水及去离子水等，且都标明有其特殊的保健功能。是不是这些饮料均比自来水好吗？究竟什么样的水才是健康的饮水？健康的饮水应符合下列指标：有一定的硬度（理想的标准是 170mg/L 左右）；水中溶解性固体为 300mg/L 左右；同时水 pH 值应略偏碱性。一般井水和市政给水的 pH 值在 7.0 以上，水的硬度是指由钙和镁的各种盐类所形成，这些盐包括碳酸氢盐、硫酸盐、氯化物等。由钙和镁的碳酸氢盐形成的硬度称为碳酸盐硬度；由钙和镁的硫酸盐、氯化物、硝酸盐所形成的硬度称为非碳酸盐硬度；碳酸盐和非碳酸盐硬度合称总硬度。水中钙、镁离子含量越多水越硬，水的硬度高和较低的心血管疾病的死亡率有关联，但过高的硬度引起胃肠等消化系统不适；溶解性总固体是用来度量饮水中所有有益矿物质的，不仅包括钙和镁，也包括锌、铜、铬、硒等。有了这样的标准，我们就能对各种各样的水进行评价。

我们一般所用的自来水，它的水源主要是地面水和地下水，这些水源水经过加药、混凝、澄清、过滤、加氨、加氯等工序后才能到达千家万户。为了确保居民喝上放心的水，这些水必须符合我国生活饮用水卫生标准，包括理化指标、毒理指标、微生物指标及放射性等均达到合格后，才能由水厂向输水管网输送。但是通过管网的自来水首先进入低层楼群及塔楼的蓄水池和低位水箱，然后用高压泵将水注入水塔和高位水箱。这样就存在二次污染问题，为了防止二次污染，卫生部、建设部及各级卫生防疫系统都制定和执行相关的法律及卫生管理办法，如管理水箱的人员必须有健康合格证，水箱要定期清洁、消毒、加盖等，以保证居民喝上安全合格的自来水。

自来水烧开后，冷却到 25～30℃时，就是我们通常所说的凉白开水。我国营养学家指出，儿童饮料的首选是凉白开水。研究表明，凉白开水能提高脏器中乳酸脱氢酶的活性，有利于较快降低累积于肌肉中的“疲劳素”——乳酸，从而消除疲劳，精神焕发。国外学者也在一份研究报告中指出，经常饮用凉白开水有预防感冒、咽喉炎及其它皮肤病的功效。为什么饮用白开水有益于健康，原因有二：一是煮开水时可把水中的细菌杀死；二是水煮开以后可除去对人体健康有害的有机化合物。白开水既洁净，又无细菌，还能使硬度过大的水质变得适中（因为过多的矿物质煮沸后会沉淀），并含有多种微量元素等营养物质。尤其是温的或凉的白开水，能很快被人体吸收，补充肌体所需的水分，增加血容量，减少血液黏稠度，促进新陈代谢，加快体内养分的运转和分解；同时加强人体免疫力，还能增加肠道的生物活性，使人精神振奋，食欲增加。因此，对于普通人来说，每天喝白开水是一种方便简捷的美容和养生之道。尤其是夏季，温湿度比较高，细菌繁殖快，饮用不干净的水就会引起腹泻。所以夏季应当让家人多喝凉白开水，又解渴、又卫生、又经济。但注意不要放置时间过长，一般当天煮开的凉水当天喝。

再来说一下矿泉水。矿泉水主要来自地下深层的水，可是自然涌出或人工抽取。一般矿泉水远离城市和工业区，因此不受现代人类活动的污染。天然矿泉水含有人体所需的多种微量元素及对健康有益的矿物质，并不含热量，因此是一种很好的天然保健饮料。矿泉水中除含有 Na^+、K^+、Ca^{2+}、Mg^{2+}、Cl^-、SO_4^{2-}、HCO_3^- 等 7 种离子外，还含有某些人体必需的微量元素如氟、碘、锶、铁、锰、铜、锌、锡、钴、钒、镍、硒等。这些元素在人体内含量虽然极微，但它们参与酶、激素、维生素、核酸的代谢，故具有非常重要的生理学作用。矿泉水的生产工艺过程是取水，过滤，消毒杀菌，贮存，分装等。如果在生产过程中，某一环节的消毒不彻底，就会影响矿泉水的卫生质量。一般常见卫生问题的是装水的瓶子或桶消毒不彻底，导致水中细菌总数超标。因此我们提倡大家多喝矿泉水，但在购买时，需注意查看出厂日期和注意观察水中是否有浑浊现象，否则不仅起不到健身作用反而会引发疾病。

目前市场上出现了许多纯净水，但对饮水而言，水并非越纯越好。一般纯水都是取自地下水或自来水，再运用过滤法、蒸馏法、离子交换法、电渗析法、反渗透法等技术处理制得。其优点是去除了水中细菌、原虫等微生物和有机污染物等有害物质，但同时把水中对人体有益的多种矿物质和微量元素，如钙、镁、锌、铁、锡、碘等也去除了。蒸馏水是水煮沸后的蒸汽凝结而成的无菌、无杂质的水。因为煮沸过程是消毒净化的过程，也是去除水中矿物质和微量元素的过程，因此蒸馏水也是纯净的软水。这种水成本高，多用来配制医用药液、注射针剂、保健口服液等。饮用纯净水和蒸馏水不但不能得到营养，还可能引起疾病，影响人体健康。因此纯净水和蒸馏水不宜长期、大量饮用。尤其儿童、老年人和孕妇等不适合饮用此类水。

正确使用家用净水器

通过前面我们已经知道，水体中含有很多的污染物，在水厂不能对水全部进行深度处理，因为那是不经济的，而在用户水龙头进行补救处理则是可以接受、易于实现的。为了满足人们对水清洁度的更高要求，家用饮水净化器应运而生，它是目前解决水质不佳的一种有效途径。市场上净水器品种繁多，有家用净水器，三化（净化、磁化、矿化）净水器，离子净水器等。按净化介质不同可分成活性炭型、超滤膜型、反渗透型、矿化壶型和软水器型。除以上五种类型外，还有特殊用途的净水器，如除氟净水器、除砷净水器等。那么我们究竟怎么购买净水器呢？首先，购买净水器应考虑净化效果问题，即净化器能否将饮水中的有害有机物去除掉，同时净水器本身是否会给饮水增加一些有害物质。例如有些净水器对酚去除效果较好，但是有些净水器不但不能去除酚，还能放出大量的酚。其次，既然人们应用净水器的主要目的是去除饮水中有害物质，因此应检测饮水器对有害物质的去除率，好的净水器去除率可达90%以上，差的可低至3%。这些都需要在购买时查看所购买的产品是否合格，是否经过质量认证。最后，应注意有些净水器出水细菌总数有时会超过卫生标准，可能是因为活性炭在运输、灌装过程中受到污染，或进水时带入细菌。所以净水器购买和使用时需注意以下几点：一是必须使用检验合格、符合标准的净水器；二是有活性炭的滤芯要每6～12个月更换一次，可在每年4、5月份气候渐热，饮水量增加时更换新的活性炭；三是一旦发现净水器或管内发绿或水体不够澄清，应置换滤芯或管子，管子可用10%漂白粉澄清液消毒清洗；再者，家用净水器，如果较长时间未用，使用前应先放掉一部分水后再用。

节约用水

当今地球水资源日益短缺，特别是城市面临的水危机日益严重。这种危机直接威胁到这些城市的社会和经济发展的持久性。在我们日常生活中用水表现出严重浪费。不包括使用中的跑、冒、滴、漏，城市中的自来水使用存在着浪费的黑洞。那么我们能采取哪些节水措施呢？首先，水龙头的设计十分重要，建议在公共场所的供水管道以及那些由许多人共用的管道采用配有自动关闭阀的水龙头，同时可通过合理设计冲水马桶减少用水。这些通过改变用水系统可以防止挥霍用水。其次，在降雨量多的地区，采用高效的雨水收集方法收集雨水。另外，政府可通过改变管理方式，通过供水系统私有化方式减少水的浪费。最后，要根本杜绝浪费用水的问题，还应从对公民实行环境教育入手，提高其节约用水的意识。

面对如此严峻的现实，我们应该停止浪费水的行为。首先从自己家里做起，提醒大家随手关闭水龙头。淋浴要比盆浴用水少，且可设计出自动关闭的沐浴装置，再利用“灰色的”（用过的）水来冲洗马桶、浇灌花园和草地等。用洗衣服的净水擦地或洗涮拖布等。当我们洗脸或洗衣服时，可以使用脸盆而不是直接在水龙头下直接去洗，实验表明前者较后者可节约水 30%～70%。未来的“战争”是争夺水的“战争”，面对城市极为严重的浪费水的现实情况，人类应共同努力减少十分有限然而又至关重要的淡水资源的浪费。

生活垃圾与健康

城市生活垃圾

随着经济的发展和人民生活水平的不断提高，城市生活垃圾的生产量也在急剧地增长。据统计，世界垃圾每年增长速度为8.42%，年产生总量约450亿吨。我国城市垃圾每年增长率平均为10%。北京市全市日产垃圾1.15万吨，日产餐厨垃圾约1050吨，人均日产生活垃圾0.82公斤。随着北京市人口增长、经济发展和人民生活水平的提高，垃圾产生量以每年大约2%的速度增长。到2008年，北京市生活垃圾日产生量将达到1.2万吨，年产生量约438万吨；日产餐厨垃圾将达到1200吨左右。

城市生活垃圾是人们丢弃的废弃物，成分复杂。受城市的规模、地理条件、居民生活习惯、生活水平和民用燃料结构的影响，城市生活垃圾一般包括有食品有机废物、纸类、灰渣、金属、塑料、玻璃等。我国城市垃圾中无机物含量高，多为灰渣，有机垃圾以厨房垃圾为主。

由于生活垃圾含有未被充分利用的营养成分，因此会有利于许多媒介动物、昆虫或病毒细菌的滋生。生活垃圾不及时处理会影响周围的空气，而且看起来也不美观，这些都可能危害居民的身心健康。

城市生活垃圾的处理和利用

生活垃圾治理的基本原则

1. 以人为本的原则。从生活垃圾的收集、运输、最终处理等实施全过程管理，防止对环境造成二次污染，切实保障人民群众的身体健康。

2. 可持续发展原则。以建设生态城市为目标，大力推进生活垃圾的减量化、资源化、无害化，最大限度地降低垃圾填埋数量，实现保护生态环境、合理利用资源和防治环境污染的统一。

3. 城乡一体化原则。改变城乡结合部、乡镇村垃圾处理的无序状态，有计划地将其纳入环境卫生管理体系，实现城乡统一规划、协调发展。

4. 社会参与原则。鼓励境内外各类资本参与垃圾处理设施的建设和运营，实现投资主体多元化、运营主体企业化和垃圾处理产业化。加快建立社会参与机制和监督机制。

生活垃圾处理的方法

处理城市生活垃圾，保护城市环境，首先应形成较为完备的垃圾管理系统，改变垃圾露天堆放或简易填埋的现象。其次要有全面的清扫和收集队伍，城市生活垃圾收集主要由各区环卫服务中心、街道保洁队伍和物业公司收集到指定的垃圾站。最后也是最重要的步骤就是将垃圾经过分类，由专业作业队伍运送到垃圾处理厂进行处理；垃圾处理的主要方式是卫生填埋、堆肥和焚烧。北京市垃圾处理的方式中卫生填埋、堆肥和焚烧所占比重分别为 89.6%、5.8%和 4.6%。现已建成垃圾处理设施 17 座，其中，垃圾卫生填埋场 9 座，垃圾堆肥厂 2 座，垃圾焚烧厂 2 座，垃圾转运站 4 座，日处理能力为 8800 吨。生活垃圾资源化率为 10%。

卫生填埋是最常用的垃圾处理方法，也是多数国家对垃圾处理的一种主要方法。此方法安全卫生，成本低，已回填完毕的场地可以作为绿化地、公园、游乐场等。垃圾填埋的场地要求应在当地主导风向的下风侧，地下水流向的下游，距居民区 500 米以上。地质条件是透水性差的粘土或岩层。有防渗漏的衬底，填埋要求边填边压实。设排气管，排水管，有利于收集产生的降解气体和渗出液。焚烧方式是将垃圾置于高炉内，使其可燃成分充分氧化的一种方法。此方法优点很多，占地面积小，产生热能，消灭病原体，经济效益好。但如果焚烧不充分，会产生多种有害气体污染空气，同时产生大量的残渣。焚烧炉应设在当地主导风向的下风侧，距居民区 500 米以上。烟囱高度至少 30 米，以利于气体扩散。垃圾应在焚烧炉内充分燃烧，垃圾的水分和灰分不应超过 50%和 45%。

生活垃圾的回收

生活垃圾是丰富的再生资源的源泉，大约 80%的垃圾为潜在的原料资源。可以回收成有用成分并作为再生资源加以利用。利用垃圾有用成分作为再生资源有很多优点，其收集、分选和富集费用要比初始原料开采和富集低好多倍，可以节省自然资源，避免环境污染。例如处理 100 万吨废纸，可避免砍伐 600 平方米的森林；100 万吨废弃食物加工饲料可节省 36 万吨粮食。垃圾的回收利用不仅节省自然资源，而且降低了因填埋或焚烧这些垃圾所需要的资源。因此它是一种利国利民的好方法，我们普通居民应该养成分类丢弃垃圾的习惯，以便于垃圾回收人员进行处理。

白色污染的防治

废旧的塑料薄膜、包装用的塑料膜、塑料袋和一次性的塑料餐具等用后随意丢弃在环境中，由于这些塑料废弃物大多呈白色，因而将其造成的环境污染称为白色污染。白色污染的主要危害是视觉污染和潜在危害。现实生活中随处可见塑料袋到处漂浮或飘拂，已经成为影响城市环境和市容景观的一大危害。白色污染的潜在危害是填埋在地下很长时间都难于降解，给地球的大环境带来长期的负担。因此我们要尽量减少白色污染。首先应加强管理，对使用的部门的地区尽量使其回收起来。其次禁止使用一次性难降解的塑料餐具。另外从宣传教育角度出发，我们应该倡导居民少使用塑料带或餐具，比如去超市买东西尽量自己带袋子，不用一次性的餐具等行为都是有利于自身和环境卫生。

光污染的健康危害

什么是光污染?

近年来，环境污染日益加剧。人们环保意识也越来越提高。很多群众开始关注水污染、大气污染、噪声污染等，并采取各种防范污染的措施，但对光污染却不甚了解。有关专家指出，目前，在公众生产生活环境中普遍存在着另外一种污染——“光污染”（或称“视觉环境污染”），这一长期被人们所忽视的污染源有可能会成为21世纪直接影响到人类身体健康的又一环境“杀手”，应引起人们的注意。

由于强光（或称躁光）而引起的视觉环境的污染称为光污染。光污染可分成3类，即白亮污染、人工白昼和彩光污染。（1）白亮污染是指在阳光照射强烈时，城市里建筑物的玻璃幕墙、釉面砖墙、磨光大理石和各种涂料等装饰反射光线，明晃白亮、炫眼夺目。专家研究发现，长时间在白色光亮污染环境下工作和生活的人，视网膜和虹膜都会受到程度不同的损害，视力急剧下降，白内障的发病率高达45%。还使人头昏心烦，甚至发生失眠、食欲下降、情绪低落、身体乏力等类似神经衰弱的症状。在夏天，玻璃幕墙强烈的反射光进入附近居民楼房内，增加了室内温度，影响正常的生活。有些玻璃幕墙是半圆形的，反射光汇聚还容易引起火灾。烈日下驾车行驶的司机会出其不意地遭到玻璃幕墙反射光的突然袭击，眼睛受到强烈刺激，很容易诱发车祸。（2）人工白昼指在夜幕降临后，商场、酒店上的广告灯、霓虹灯闪烁夺目，令人眼花缭乱。有些强光束甚至直冲云霄，使得夜晚如同白天一样，即所谓人工白昼。在这样的“不夜城”里，夜晚难以入睡，扰乱人体正常的生物钟，导致白天工作效率低下。人工白昼还会伤害鸟类和昆虫，强光可能破坏昆虫在夜间的正常繁殖过程。(3) 彩光污染是指舞厅、夜总会安装的黑光灯、旋转灯、荧光灯以及闪烁的彩色光源构成的光污染。据测定，黑光灯所产生的紫外线强度大大高于太阳光中的紫外线，且对人体有害影响持续时间长。人如果长期接受这种照射，可诱发流鼻血、脱牙、白内障，甚至导致白血病和其他癌变。彩色光源让人眼花缭乱，不仅对眼睛不利，而且干扰大脑中枢神经，使人感到头晕目眩，出现恶心呕吐、失眠等症状。科学家最新研究表明，彩光污染不仅有损人的生理功能，还会影响心理健康。

据测定，特别光滑的粉墙和洁白的书籍纸张的光反射系数高达 90%，比草地、森林或毛面装饰物高 10 倍左右。有研究表明，光污染可对人眼的角膜和虹膜造成伤害，抑制视网膜感光细胞功能的发挥，引起视疲劳和视力下降。我国高中生近视率高达 60%，有关专家认为视觉环境是形成近视的主要原因，而不是用眼习惯。

据了解，光污染防治在国内尚无立法，目前也没有专家专门研究，甚至对“光污染”一词也无权威解释。而国外对光污染的关注也是刚刚起步，许多企业开始在生产产品的时候考虑其对视觉的影响并采取相应措施。例如一些国家的书籍用的是米黄色的纸张，读起来确实很舒服。

光污染的存在和“生态颜色”一词的提出或许应对企业家有所启示：装饰高楼大厦的外墙、装修室内环境以及生产日用产品时应尽量避免使用那些刺眼的颜色，因为具有“生态颜色”的产品会给人们带来视觉上的舒适感，将受到更多人的青睐。

光污染的危害

随着城市建设的发展和科学技术的进步，日常生活中的建筑和室内装修采用镜面、瓷砖和白粉墙日益增多，近距离读写使用的书籍纸张越来越光滑，人们几乎把自己置身于一个“强光弱色”的“人造视环境”中。其后果就是危害人类健康，特别是造成各种眼疾，比如近视比率迅速攀升。据统计，我国高中生近视率达60%以上，居世界第二位。近视是光污染危害的最普遍的表现。医学研究发现，人们长期生活或工作在超过量或不协调的光辐射下，会出现头晕目眩、失眠、心悸和情绪低落等神经衰弱症状。城市中由灯光构成的夜景亮如白昼，与白天的自然光源不同，这些人工光源是非全光谱的照射，会扰乱人们正常的生物钟规律，使人倦乏无力。作为夜生活主要场所的歌舞厅中的光污染危害更是让人触目惊心，使长期在歌舞厅活动和工作的人正常细胞衰亡，出现血压升高、体温波动、心急燥热等各种不良症状；其中缤纷的彩色光源也会影响人类的大脑中枢神经，使这一控制人体活动的“主机”受损。

专家指出，人体在光污染中首当其冲受害的则是直接接触光源的眼睛和皮肤。瞬间的强光照射会使人们出现短暂的失明现象，例如，雪地的强烈反光会导致“雪盲”；普通的光污染也会造成人眼的角膜和虹膜的伤害，抑制视网膜感光细胞功能的发挥，引起视疲劳和视力的急剧下降，眼球的长期受损则会减缓眼睛晶体细胞的更新速度或造成晶体细胞死亡、变异，加速白内障形成和视网膜变性。电视机的光污染可以使人眼视网膜受刺激，造成眼睛疲劳，在连续看几小时电视后，人的视力会暂时下降30%。

有关研究表明，特别光滑的白色墙面和洁白的书籍纸张的光反射系数高达90%，比草地、森林和毛面装饰物要高出10倍左右，其光辐射也远远超过人体所能承受的标准，而且在这种不良的单一视觉环境里，人眼最需要的适度的光频率刺激，却并没有因为反射光强而得到补充，视觉功能受到极大抑制，造成了双重危害。因此，有眼科专家认为，长期受到周围环境中各种不良的视觉刺激，是目前我国中小学生近视率居高不下的主要原因。

光污染除影响人体健康外，还会影响我们周围的环境。光污染破坏了幽美的城市夜空，使天文观测深受其害。当天空中星星可见度为7级时，能看到的星星有7000颗，可在一些光污染特别严重的大城市市内，天空中星星可见度为2级，只能看到25颗星星。为此，国内外不少天文台只好被迫迁址。而且光污染还使天文望远镜贬值，一台价值5亿元的4米口径的大型望远镜的使用价值变成只等于原来天空亮度背景下的价值2000万元的1米口径望远镜。有的高功率泛光灯或路灯还能通过窗户，把室内映得通亮。这种光污染使人昼夜不分，打乱了正常的生物节律，使人晚上难以入睡，或失眠。据德国一项社会调查，有2/3的人认为“人工白昼”危害健康，84％的人反映影响睡眠。刺眼的路灯和沿途灯光广告及标志，还使汽车司机感到开车紧张。此外，光污染对城市气候和环境、城市动植物生长都有一定的危害。

灯光过多、过亮产生光污染，也造成能源浪费。我国照明耗电量为1433.25亿～1719.9亿度，其中2/3为火力发电。火力发电中，又有3/4是使用燃煤。按每生产1度电产生的污染物二氧化碳为1100克、二氧化硫为9克计算，每年要排放7000万～9000万吨二氧化碳和60万～70万吨二氧化硫。因此，城市照明中的光污染，不仅耗电过多，既消耗了资源，又污染了自然环境。

给我们带来诸多危害的光污染缘何长期被忽视？原因就在于其危害的潜在性和人们对其缺乏认知。目前，世界各国全面、系统的光污染研究均在起步阶段，光污染认定缺乏相应的立法和可供参照的环境标准。同时，其对人体的影响也不易在短时间内为人们所察觉。

光污染应采取以预防为主的防治方法。各国关注程度不同，法律约束差别也非常大。不少国家已经有了针对光污染的一些法律条文。例如，欧美一些国家，早在20世纪80年代末就开始限制在建筑物外部装修使用玻璃幕墙。但目前在中国，大部分城市玻璃幕墙却正作为一种时髦装饰被大量使用，城市的光污染源也大量增加。另外，不少发达国家或地区已明令限制使用釉面砖和马赛克装饰外墙，如新加坡立法规定建筑外墙面积的90％必须使用环保材料。

如何防止光污染的危害?

尽管人们离开了光，就不能生存，然而，光也可能成为一种环境污染，现代生活中的“耀目光源”就是一种光污染，例如许多舞台、舞厅中刺眼耀目、令人眼花缭乱的活动光源就属于“耀目光源”，它不仅对人的视觉有害，且能干扰大脑中枢高级神经的功能，表现为头痛、失眠、注意力不集中，食欲下降等神经衰弱样症状。除舞厅、舞台易造成光污染外，夜晚行驶的汽车，其突然开亮的前车灯亦是一种“耀目光源”。冶炼、烧熔以及焊接等产生的极强的光线，过强的紫外线、红外线，四周存在着的五花八门的照明灯、信号灯和霓虹灯等，皆易造成光污染。故科学家们建议，现代化的城市建设和科学技术的应用应尽量避免造成光污染，对于已出现的光污染应采取多种行之有效的措施，减轻或消除其危害，以保证人们的身体健康。

人的视力如何与居室照明密切相关。居室照明分自然照明、人工照明、混合照明三种，由于人的视力在自然光线中最佳，在日光和灯光的混合光线下次之，在人造光线中最差，因而居室照明用灯要很有讲究，若长时间阅读和写作时，最好用60瓦的台灯，台灯最好是管状灯，这样可随意改变光线方向。此外，还应注意及时清除灯具上的灰尘，以免影响亮度。

由上可知，光污染的后果主要是影响了大脑和眼睛的功能，依据中医养生学理论，只需平素加强脑保健和眼保健，即可抗御光对其二种器官的损害，主要措施如下。

（1）脑保健

①科学用脑　勤奋工作，积极创造，可使脑细胞再生，恢复

大脑活力，是延缓人体衰老的有效方法。但大脑不宜过度使用，一般说来，连续工作时间不应超过 2 小时。在眼睛感到疲乏时宜停下来闭目休息。

②改善工作环境　脑力劳动要求有良好的工作环境，需具备流通的新鲜空气。充足的氧气可使大脑持续兴奋的时间延长，增强判断力。据测定，1g 脑组织耗氧量相当于 200g 肌肉的耗氧量；脑占全身体重的 1/50，而耗氧量要占总量的 1/5。其次是良好的采光、明暗适中的自然光不仅有助于注意力集中，并且阳光中紫外线还可帮助恢复身体疲劳。

（2）眼保健

①运目保健　运目即指眼珠转动，以锻炼其功能，可采取多种方法进行。运睛法有增强眼珠光泽和灵敏性的作用，能祛除内障外翳，纠正近视和远视。具体做法是：早晨醒后，先闭目，眼球从右向左，从左向右，各旋转 10 次；然后睁目坐定，用眼睛依次看左右，左上角、右上角、左下角、右下角，反复四五次；晚上睡觉前，先睁目运睛，后闭目运睛各 10 次左右。

②闭目养神

历代养生家都主张“目不久视”、“目不妄视”，因为久视、妄视耗血伤神。故《素问》言：“久视伤血”。《养生四要》指出：“目者，神之舍也，目宜常瞑，瞑则不昏”。目之神应内守，才有益于形神协调。

防治光污染还要从颜色做起。现代光污染研究始于美国。20 世纪 90 年代初，美国科学家做了一个著名的色块刺激实验，发现不同颜色（光频率）对眼疲劳的影响有着明显的差异，并指出绿色由于频率较高、刺激较深，所以并不是最有益于人眼的颜色。

在欧洲，特别是德国，室内装修墙壁粉刷时，人们逐渐喜欢用一些浅色，主要是米黄、浅蓝等，代替刺眼的白色。美国科学家还通过实验发现，在浅红色的墙壁面前，人的情绪相对比较镇定。所以在美国一些医院，特别是精神病医院，墙壁都涂成了浅红色。2000 年初，英国艾塞克斯大学发现了薄膜覆盖法，即采用一些特定颜色（频率）的薄膜覆盖在书本上，阅读时会使眼睛放松，不容易串行，还能明显提高阅读效率。

居室内环境

对健康的影响

居室环境卫生要求及其重要性

居住环境应包括哪些内容?

居住环境对一个人的健康是非常重要的。人一生中 1/3 以上的时间是在家中度过，居室的卫生状态好坏直接影响着居住者的健康。休养、营养、业余学习和生育儿女等等都是在居室内进行的家庭生活的一部分。良好的居住环境应该有助于儿童的健康生长，有助于成年人休养，有助于老年人安度晚年。

居室是在人类进化中为了满足自我需要的一种人工产物，也是洞穴生活的一种延续。大部分居室是由四面墙和房顶组成的围起来的空间。随着人类文明的不断进步，社会经济的快速发展，人们工作生活方式的多元化改变，人在居室内生活的时间越来越长，所以对居室的要求也不断提高。

组成居室室内环境的因素有小气候（室内气候）、空气质量、日照采光、噪声等。居室室内环境受居住外环境的影响。居室室内环境对健康的影响通常是长期和慢性的。但是对于目前新建的居室来说，由于建筑本身和配套设施的缺陷，其急性、短期的健康影响也是很突出的。

居室卫生的重要性

人的一生中有 2/3 以上的时间是在室内度过，主要是在居室中度过的，婴幼儿、儿童、青少年和老弱病残者在居室中生活的时间则更多。在知识经济时代，居室中办公的现象日趋普遍，居室的卫生学意义不再像过去局限于对人们的生活居住方面的影响，还包括对学习工作等方面都会产生重要影响。居室内的环境卫生因素包括小气候、日照、采光、噪声、绿化和空气清洁状况等。良好的居室内环境具有安静整洁、明亮宽敞、气候适宜、空气清洁等特点，对健康有益，不仅可以防止疾病的传播，而且可消除外环境中的不利因素，对机体起到良性调节作用，从而使人精神焕发，提高机体各系统的生理功能，增强抵抗疾病的能力，达到增强体质、延年益寿的作用。不良居室环境对健康产生不利的影响，如拥挤、寒冷、炎热、潮湿、阴暗、空气污浊、噪声、含有病原体或有毒有害物质的居室环境对人体产生不良刺激，可使中枢神经系统紊乱，降低机体各系统的功能和抵抗力，使居民生活质量和工作效率下降、疾病的患病率和死亡率上升。居室卫生影响数代人和众多家庭的健康。一套居室可持续使用几十年甚至百年以上，因此它可能影响几代人的身体健康，如果有搬迁，也会影响迁入的其他家庭成员的健康。

居室环境对健康的影响有其特殊性，首先表现在室内单一污染物的浓度不高，不易在较短的时间内对健康产生影响，往往表现为慢性、潜在性和对机体功能的不良影响。其次室内的各种环境因素常常是综合作用于人体，例如“不良建筑物综合征”就是现代居室中多种环境因素综合对健康的影响所引起的一种综合征。因此，居室卫生对每个居民都是非常重要的。

居住环境的基本要求

a）安全：居室在牢固性上应符合一定的抗自然灾害的要求，例如抗震、抗洪、抗台风等。防盗、防火、避雷、避难路线等也是建筑上的重要内容。一般来说，如果居室不合格或者抵挡不了自然灾害，居室遭受破坏，这时对人安全威胁最大。

b）居室内各个部分的组成和配置合理：居室的朝向以朝南最佳。居室内各部房间数量和功能要满足家庭成员之间关系的需要，家庭成员的每一位都有自己的卧室以保证自我私密性。客厅是家庭成员聚会交流的场所。厨房、厕所、浴室等也应独立。室内高度应在 2.5～3 米。考虑到呼吸的需要，每个人占有的空间从面积上说应在 20 平方米以上。

c）室内气候舒适、干湿度适宜：室内气候舒适是指能保证身体的体温处于平衡。只有这样才能保证休养、睡眠和学习、工作的效率。室内的气流应很小，一般人感觉不到才合适。室内的舒适温度为22～26℃、相对湿度在40％～65％。室内温度过高或过低都是恶性刺激，室内温度过高会引起中暑；而室内温度过低，也会造成冻伤等寒冷引起的有关疾病。

d）空气清洁：由于房屋的相对封闭性，使室内的空气容易受人活动和生活的影响。室内空气污染的主要来源有建筑材料、装饰材料和家具等挥发出来的有害化合物，如甲醛和挥发性有机化合物（VOCs）。室内还存在来自于建筑材料的放射性氡的污染、燃料使用时释放的烟雾和油烟、吸烟引起的烟雾等污染。建筑和装饰材料的污染随着入住时间延长会逐渐减少，而由于建筑和设备的老化，由燃料的污染有增强趋势。因此，应从以上各个方面防止污染，保持空气清洁。

e）房屋通风：一般来说室外的空气比室内好，房屋应经常通风换气，以减少室内的有害物质浓度。室外发生了大气污染则要紧闭门窗。

f）采光照明：要求采光要充足，照明要良好。

g）室内安静：噪声会影响休息和睡眠，同样也是影响学习和工作效率的重要因素。为了保证良好的睡眠，提高工作、学习效率，应尽量保持室内安静。

h）卫生设施完备，如上下水道通畅，水质良好。

i）封闭性好，能防止各种媒介昆虫的侵扰。

居室在设计方面的卫生要求

居室设计包括居室的平面配置和居室的卫生规模。居室的平面配置主要包括居室的朝向、居室的间距、居室内各户之间的关系和居室中各类房间的配置等。居室卫生的规模是根据卫生要求提出的居室容积、净高、面积和进深等应有的规模。

居室的朝向是指居室建筑物主室窗户所面对的方向，它对居室的日照、采光、通风、小气候和空气清洁度等都能产生影响。因此，应根据当地各季节的太阳高度、日照时数、各季节的风向和风速，以及地理环境和建筑用地等情况，选择居室的最佳朝向。选择的原则是冬季得到尽量多的日照，夏季能避免多的日照和有利于自然通风的要求。

居室的间距是前后相邻两排建筑物之间的距离，它主要影响日照、采光和通风。根据日照的卫生要求确定两栋居室的间距要随纬度、居室朝向、建筑物高度和长度及建筑用地的地形等因素而决定。一般按照室内在冬至日应不少于1小时的满窗日照时间的要求来推算。

居室区中各户之间应该分隔，以创造每户都有一个安静的环境，避免互相干扰和减少疾病传播的机会。

每户居室应有各个住户独立的成套房间，一般包括主室和辅室。主室又称居住空间包括起居室和卧室，辅室包括厨房、卫生间、储藏室、过道等。

人均居室容积是指每个居住者所占有居室的空间容积。居室容积与居住者的生活方便舒适、室内小气候和空气清洁度有关，居住拥挤则有害健康，也容易造成疾病传播。

居室净高是指室内地板到天花板之间的高度。房间面积相同时，净高较高的房间容积就大些，室内空气储量也多些；并可升高窗户的上缘，有利于采光、通风和改善室内小气候。室高较低的房间，冬季有利于保暖，也可以使降低居室造价的资金换取更多居住面积和居住户数；但净高过低会使人产生压抑感；净高过高则使人感到不亲切。我国《GB50096－1999》规定居室净高为2.4～2.8米。

居室面积又称居住面积。为了保证居室内空气清洁、安放必要的家具、有足够的活动范围、避免过分拥挤和减少传染病的传播机会，每人应有一定的居室面积。根据每人平均所占有的居室容积和居室净高，可计算出每人应有的居住面积。如以 20m^3 容积，居室净高 2.4～2.8 米计算，每人的居住面积应为 7.14m^2。目前我国大多数人均居住面积已超过 20m^2，达到了小康水平。

居室进深指开窗户的外墙内表面至对面墙壁内表面的距离。它与室内日照、采光和换气有关。进深大的居室中，离外墙远的地点空气滞留，换气困难。居室进深与地板至窗上缘高度之比称室深系数。室深系数在一侧采光的居室不应超过 2～2.5，在两侧采光的居室不应超过 4～5。

居室小气候

居室的室内是由屋顶、地板、门窗和墙等围护结构所包围，加上室内的空调设备等作用，综合形成了与室外不同的室内气候，称为室内小气候。室内小气候主要是由气温、气湿、气流和热辐射（周围墙壁等物体表面温度）这四个气象因素组成。它们同时存在并综合作用于人体，对人体健康产生重要影响。良好的小气候是维持人体热平衡，使体温调节处于正常状态的必要条件。不良的小气候则主要表现在使体温调节处于紧张状态，并可影响机体其他系统的功能，长期处于不良小气候中还可使机体抵抗力下降，引发疾病。

居室小气候的卫生要求是为了保证大多数居民机体的热平衡，即要求能保证居民有良好的温热感觉，以及有正常的学习、工作、休息和睡眠效率。在热平衡或体温调节功能正常情况下，人们在居室内着衣、安静或中等劳动时，机体的产热量、散热量、皮肤温度、皮肤出汗量、温热感觉及呼吸、脉搏等有关生理指标的变化均不超过正常的范围。因此，首先要求居室小气候的各个因素必须保持在一定范围内，即在时间和空间上保持稳定。

如何做到居室卫生防护？

居室卫生防护包括居室设计及居室装饰中的卫生防护措施。

建筑物的围护结构是建筑物的墙壁、屋顶、门窗、地板等的总称。在居室设计中采用符合卫生要求的建筑物材料和合理的构筑方式筑成的围护结构，再通过居室设计中主要的卫生措施，可以使居室有较好的防寒、防暑、隔热、隔潮和隔音等性能，使室内免受或减轻外界不良的气候条件和噪声等的不良影响。建筑材料的导热性越低，建筑物的保温与隔热性能越好，越有利于居室的防寒和防暑，因此，应尽可能选择导热系数较小的建筑材料。绿化遮阳和遮阳竹帘等能避免室内过热，避免产生炫光，遮阳措施应能最大限度地挡住夏季的直射阳光，但室内同时仍应有足够而分布均匀的照度，而且应尽量少影响通风。居室必须有适当的通风换气以改善室内小气候，减低室内空气中二氧化碳和室内来源的有害气体的浓度，减少病原微生物和灰尘的数量，以及促进氡等有害物质的排出。一般居室应首先考虑充分利用自然通风。在建筑密度过高或难以利用主导风向、门窗面积过小、门窗安排不当时，可采用电风扇、排油烟机、空调等进行机械通风。

居室装饰中主要的卫生防护措施分三方面：①材料选择：要注意选用甲醛及其他挥发性有机化合物 VOCs、氡及其子体等含量少或无的装饰材料以及无含铅等其它有害物质的材料，应选用耐用和表面光滑易于清洁的材料；②减少释放：在某些含有氡及其子体的装饰材料表面涂上涂料，可防止或减少其释放，含甲醛及其他 VOCs 的装饰材料最好在室外放置一段时间后再进入室内。③加强排出：应用通风换气措施，排出有害物质。

居室装修及对健康的影响

建筑装修装饰的污染

室内与建筑装修有关的主要空气污染物为甲醛、挥发性有机化合物及氨等。建筑材料和装饰品等产生的污染物中最需要重视的是甲醛。甲醛主要存在于生产脲醛树脂和酚醛树脂等的黏合剂、泡沫塑料与壁纸中，这些材料广泛用于房屋的防热、御寒、隔音与装饰，其中的甲醛可逐渐释放出来污染室内空气。

室内甲醛及其对健康的影响

甲醛是一种挥发性有机化合物，除来自建筑装修材料外，还可来自化妆品、清洁剂、杀虫剂、消毒剂、防腐剂、印刷油墨、纸张、纺织纤维及印染的衣物等。一般住宅在新装修后甲醛的峰值约为 0.2mg/m^3，个别可达 0.87mg/m^3，使用一段时间后下降至 0.04 mg/m^3 或更低。厨房在使用煤炉和液化石油气时，甲醛可达 0.4mg/m^3 以上。密封的住宅内除甲醛外还存在多种空气污染，对人身健康造成了危害。

人的甲醛嗅觉阈为 0.06～0.07mg/m^3，但个体差异很大。甲醛具有刺激性，有些刚装修完的房间会使人泪流满面，呼吸困难。甲醛浓度达 0.15mg/m^3 可引起眼红、眼痒、流泪，咽喉干燥发痒、喷嚏、咳嗽、气喘、声音嘶哑，胸闷，皮肤干燥、发痒、皮炎等。甲醛还可引起过敏性哮喘和过敏性紫癜等变态反应性疾病。长期接触甲醛，会出现神经衰弱、肝功能异常等情况，甚至会引起遗传物质的损伤，对儿童、老人和孕妇的危害更为严重。

室内氨污染及其危害

氨是合成尿素的原料之一，含尿素的防冻剂可防止混凝土在冬季施工时冻裂，若混凝土中尿素添加过多，则会造成房间内氨浓度超标。此外，家庭卫生间也是氨污染的来源之一。

氨是一种低毒、无色的气体。2002 年制定的室内空气质量标准推荐居室内氨标准为 0.2mg/m^3。人对氨的嗅阈为 0.5～1.0mg/m^3，当环境空气中氨达到一定浓度才会产生强烈的刺激气味。氨引起的急性中毒多为意外事故，如管道破裂、阀门爆炸等。轻度中毒多引起咳嗽、胸闷、鼻炎、咽炎、气管炎或支气管炎等疾病。

解决氨气臭味的方法很多：1. 密闭法，即把污染源封闭，防止扩散；2. 换气法，即通风换入新鲜空气进入房间；3. 吸附法，即用吸附剂将污染物吸附；4. 中和法，即氨属于碱性物质，可用酸性物质去中和，达到除氨的目的等。目前，对于室内氨气除臭的最佳方法就是通风换气，利用室内空气净化器也能达到净化空气的效果。

涂料污染及其对健康的影响

涂料按用途分为内墙涂料、外墙涂料及浮雕涂层系统；按类型分为面漆、中层漆、底漆等。目前室内装修所使用的涂料基本上有硝基双相型多彩漆、双组分环氧树脂面漆、双组分聚酯面漆等几种类型。这几种类型涂料的主要成分多为树脂类有机高分子化合物，在使用时（刷或喷涂），需用稀释剂调成合适黏度以方便施工。这些稀释剂挥发性强，大量弥散于空气中，是引起人中毒的罪魁祸首。稀释剂又叫"稀料"，市场上销售有许多种，如"松香水"、"香蕉水"等。各类"稀料"是由一些酯类、酮类、醚类、醇类以及苯、甲苯、二甲苯等芳香烃以及不同比例配制而成，传统的低固含量溶剂型涂料约含 50％的有机溶剂。总之，涂料主要产生的污染物为挥发性有机化合物。

涂料的加工和生产产生的有机化合物在人类活动所产生的有机挥发组分（VOC）总量中仅次于交通，约占 20％～25％，因而涂料释放出的VOC被视为室内空气的重要污染物之一。有机挥发物在氮氧化物存在的条件下循环进入大气平流层，可导致光化学烟雾的产生和污染，还可引起大气臭氧层的破坏，也威胁着工作地点的人员健康和安全，而且施工完成后遗留下来的液态有机物也是污染环境的废物之一。当空气中这些挥发性物质的浓度较高时，除可引起人体麻醉、窒息外，还可能引起神经炎、肺炎等疾病，甲苯和二甲苯对心、肾也会有损害。其中危害最大的是苯，它不仅能引起麻醉和刺激呼吸道，而且能在体内神经组织及骨髓中积蓄，破坏造血功能（红、白细胞的破坏和血小板减少），长期接触这些气体可能造成严重后果。由于吸入大量稀料蒸气而引起的中毒症状最初可有恶心、头痛、呕吐等反应，严重的可有意识丧失等症状。

由于涂料中的各种溶剂对人体造成的危害很大，所以要采取措施，进行自我保护。首先，整修房屋时必须经常通风，冬季更应如此，预防中毒事件的发生。其次，在购买涂料时，一定要购买符合国家相关标准的涂料。现在建材部门对涂料中有机溶剂的含量作了规定，必须限制涂料中的挥发性溶剂。最好使用绿色涂料，尽可能使涂料中不含有机挥发组分。

家用化学用品对健康的影响

家用化学用品污染

家用化学用品泛指在家庭中使用的一大类化学物品。广义上讲，凡进入家庭日常生活和居住环境的化学物品，均可通称为家用化学品，其中包括化妆品。各种家用化学品因其使用方式和应用范围不同，在使用过程中可通过不同途径进入人体而可能对健康造成危害，并可成为室内外环境新的污染源。家用化学品根据使用目的不同大致分为两大类，即化妆品和其他家用化学品。

随着科学的进步，化学制品（如生活中的各种合成洗涤剂、油漆、芳香除臭剂、杀虫剂等）已成为生活的必需品。尽管这些制品给人们带来了方便，但不可忽视的是它们也给家庭带来了污染。家用化学品某些产品呈粉状、气溶胶型或其中含有有机溶剂、刺激性气体等，在使用过程中可引起室内空气污染，这些污染物可通过呼吸道进入人体而影响健康。装饰墙壁和油饰家具用的油漆，一般都以甲苯或二甲苯为溶剂，甲苯和二甲苯都是工业原料，属低毒类化合物，挥发性较强，对人体的造血机能和神经系统有损害，对皮肤有刺激作用。除臭剂有一种是通过氯乙烯溶剂溶解，氯乙烯溶剂属于蓄积性麻醉剂，对中枢神经系统有较强的抑制作用。洗涤剂和洗衣粉是百姓常用的，它由多种成分组成，碱和钠盐占了一定比例，碱和钠盐对皮肤都有刺激作用。目前，我国家用化学品种类繁多，因此在使用清洁剂、杀虫剂等化学品时，要严格控制数量，切莫认为越多越好。皮肤易过敏者，可以戴上胶皮手套使用。另外，要注意室内空气的流通，经常开窗户，防止有害气体密集。

化妆品种类

化妆品是指以涂抹、喷洒或其他类似方法，施于人体表面任何部位（皮肤、毛发、指甲、口唇等），以达到清洁、消除不良气味、护肤、美容和修饰目的的日用化工产品。

按使用目的可将化妆品分为以下几类。一是清洁用化妆品，如香皂、沐浴液、洗面奶、洁肤乳、清洁霜、口腔卫生用品等。二是基础化妆品，如各种膏、霜、蜜、脂、粉、露、乳、水、面膜等。三是美容化妆品，如腮红、唇膏、粉饼、唇线笔、眉笔、眼影、眼线笔等。四是香化用化妆品，如花露水、香水等。五是护发、美发用化妆品，如发油、发乳、护发水、摩丝、护发素、洗发剂、烫发剂、染发剂等。

化妆品若原料选择不当或生产环境不良而使化妆品受到化学或微生物污染，造成对人体健康不良影响。个体体质因素也可导致对化妆品产生不良反应。

化妆品对皮肤的危害

近年来市场上化妆品种类急剧增加，使用化妆品可能引起各种不同类型皮肤的损伤，皮肤可发生红斑、肿胀、水疱、脱屑、色素沉着等异常变化。

由化妆品中一种或一种以上化学物质反复接触皮肤可引起刺激性接触性皮炎，反复施用后皮肤出现红斑、干燥、皲裂后发展为皮疹、疱疹和湿疹。若化妆品中含有变应原物质，可引起皮肤迟发型变态反应。香水是最常见引起变应性接触性皮炎的化妆品，其次还有含防腐剂、乳化剂的发用清洁剂、香波和头发调理用品等。某些化妆品含有光变应原，主要是防晒剂、染料和香水类等。使用含有光变应原物质的化妆品后，在接触日光的部位会出现皮肤炎症反应，以湿疹为特征。

化妆品使用不当还可引起痤疮，多发生于面部，以炎性毛囊性丘疹及白头粉刺较多见。油性皮肤可因皮脂腺和汗腺阻塞，影响皮脂从皮脂腺导管排出致皮脂积聚于毛囊形成乳酪样物质，出现痤疮。化妆品可引起皮肤色素沉着症。色素沉着大多数局限于涂擦化妆品的面部和颈部。致病成分以眼线膏、胭脂及眉笔等化妆品中的香料、颜料为主。使用洗发剂、发胶、染发剂、烫发剂、眉笔、睫毛膏等毛发化妆品可引起毛发损害，表现为毛发脱色、变脆、分叉、断裂、失去光泽和脱落等。祛斑用化妆品中所含漂白剂也有造成皮肤损伤或皮肤色素异常症（如发生白斑）的可能。

化妆品中有毒化学物质铅、汞、砷对人体的危害

某些特殊用途化妆品（如生发育发、脱毛、去斑、防晒类化妆品）中有些组分属毒性化合物，如超过限量，在使用中可经过皮肤吸收而可能产生全身毒作用。污染物包括铅、汞、砷、镉、镍等金属，其中以铅、汞和砷较为突出。

铅能损害骨髓造血系统，会引起贫血，损害神经系统引起末梢神经炎，出现运动和感觉异常，常见的异常有神经肌肉麻痹。铅还影响儿童智力发育。

汞中毒的症状是疲乏、多汗、头痛以及易怒，发展为手指和脚趾失去感觉，视力模糊及肌肉痉挛、精神萎靡，出现运动失调、听觉损害、语言障碍等。

砷能蓄积在甲状腺、肝、肺、骨骼、皮肤、指甲以及头发等处。砷中毒主要表现为神经损伤，产生末梢神经炎症，早期有视力障碍、听力障碍，四肢疼痛，运动功能失调，甚至行动困难；肌肉萎缩，头发变脆易于脱落；皮肤色素高度沉积，呈弥漫的灰黑色或深褐色斑点，逐渐溶合成大片。慢性砷中毒具有致癌、致畸、致突变作用。

染发、烫发污染及其危害

染发不仅可以将白发染黑，还可将发色漂浅，或染成希望的颜色（如褐色、红色等），因而得到百姓的广泛青睐。染发所用的染发剂品种很多。依据染色后发色保持的时间长短将染发剂划分为暂时性、半持久性和持久性三种类型。根据所用原材料的不同，又将染发剂分为天然染发剂、合成有机色素染发剂和金属染发剂三种。

暂时性染发剂一般常由水溶性酸、碱性染料或颜料组成，这类染料的分子量相对大，基本上是附着在头发的表面，易被香波和水洗掉，很少损伤发质，也不易透过皮肤。半持久性染发剂是指头发被染上的颜色仅能耐受 6～12 次洗涤，在染色过程中不使用氧化剂。持久性染发剂是目前普遍使用的一种染发剂。由于它主要是使用因氧化而染色的染料，所以又称氧化型染发剂。氧化染发的过程一般是染料中间体（邻苯二胺、对苯二胺、对氨基苯酚及其衍生物）在氧化剂（过氧化氢、过硼酸钠、过氧化脲等）的作用下产生一系列氧化和缩合反应，生成亚胺，亚胺再与成色剂（间苯二酚、间苯二胺、间羟基苯酚等）反应，生成茚达染料，维持时间久，不易被洗脱。

烫发用品主要是化学卷发剂和头发伸直剂。化学卷发剂目前主要为冷烫卷发，所用的卷发剂俗称冷烫精，它的主要成分是巯基乙酸铵盐或乙醇胺、碱金属盐等。

染发剂和卷发剂使用中最常见到的不良反应是引起刺激性接触性皮炎。染发剂中含有的对苯二胺在氧化反应过程中生成的中间产物醌二胺是一种挥发性有毒物质，可刺激皮肤引起皮炎。卷发剂冷烫精中含有的巯基乙酸也是一种强刺激物，使用时要尽量避免与皮肤接触。持久性染发剂由于所含苯胺类染料具有一定的毒性和致敏性，并且和多种致敏原有交叉反应，所以使用染发剂引起过敏的事例时有发生，表现为局部刺痒、疼痛、出现红斑、水肿、丘疹、水疱，严重者可有大疱、渗出、糜烂，乃至出现全身性反应。

染发是具有很高的致敏危险的过程，对苯二胺和二氢氯化物是最容易致敏的物质。合成的有机染料包括耦合剂、氧化剂过氧化氢、过硫酸铵都常作为漂白剂用。医学文献中曾有报道与使用染发剂有关的骨髓造血功能抑制和再生障碍性贫血，并认为染发剂中所含的2，5-二甲苯胺是可疑致病因素，还有文献报道结缔组织病与使用染发剂存在明显联系。化学烫发剂中的巯基乙酸极易通过完整的皮肤侵入体内，属于高毒物质，因此，患有慢性肝脏或肾脏疾病的人要尽量少接触冷烫液。

任何个体在使用染发剂、卷发剂和漂白剂之前，都必须做皮肤试验，用来检验所用制剂对皮肤有无致敏作用，体质易过敏的人每次染发前都要进行试验，曾有引起过敏性接触性皮炎、湿疹和气喘的报道。患有哮喘、荨麻疹或其他过敏性疾病的人不宜染发。使用抗菌药物期间最好不要染发，因为有不少抗菌药物如青霉素、链霉素和磺胺类药物与染发剂可发生交叉致敏反应。当头皮存有任何原因造成的损伤时，应避免染发或烫发，以减少染发剂或烫发剂中有害物质经破损的头皮侵入机体。在染发和烫发后，应该立即认真清洗头发，尽量减少染发剂或烫发剂在头发上的残留。

家用洗涤剂污染及其危害

洗涤剂是指能用以去除物体表面污垢，使被清除对象通过洗涤达到去污目的的专门配方制品。洗涤剂主要成分是表面活性剂和添加剂。表面活性剂是产生危害的主要因素。表面活性剂可分为阴离子型、阳离子型、非离子型、两性型和特殊型。家庭用洗涤剂多数以泡沫多的阴离子型和非离子型为主。添加剂有助洗剂、络合剂、腐蚀抑制剂、泡沫改良剂、抗再沉淀剂、酶、光亮剂、杀菌剂、香料和色素等。

洗衣粉污染及其危害

洗衣粉、洗涤剂和消毒剂等都是家庭常用的清洁剂。洗衣粉的主要成分是烷基苯磺酸钠，是属于毒性较小的物质。但是，长期过多使用洗涤剂，会损伤中枢神经系统，残留在衣物上，尤其婴幼儿或内衣上的洗衣粉可以刺激皮肤，引起皮肤过敏等疾患。过去洗衣粉中的一种主要成分是含磷的化合物，这种含磷化合物进入自然水体中使得环境中磷含量过多而形成所谓的富营养化，其结果是水体发臭，微生物不能够生存。

现在欧洲一些国家已禁止使用含磷的洗衣粉，在我国也已推荐使用无磷洗衣粉。针对我国目前现状，建议在使用洗衣粉时应尽量做到以下几点：一是尽量少用；二是成人衣物使用洗衣粉后要用自来水冲洗干净；三是婴儿的尿布、内衣最好不用洗衣粉，用肥皂为佳。一般家庭用的洗涤灵、洁厕粉、洗衣粉、漂白粉等，使用频率非常高，并且经常被混用。专家提示，洁厕粉绝对不能与漂白粉等消毒剂一起混用。

肥皂污染及其危害

家庭常用的有洗衣皂、香皂、透明皂、药皂、减肥皂等。肥皂的品种繁多，成分也很复杂，主要是各种脂肪酸盐，还有一些碱性物质、抗氧化剂、杀菌剂、香料、着色剂、钙皂分散剂和富脂剂等。碱性物质残留过量必然会对皮肤造成烧伤等刺激性损伤。肥皂中的其他成分如香料、着色剂、抗氧化剂、富脂剂、钙皂分散剂也可引起皮肤损害。香料是常见的致敏原，可以引起皮肤瘙痒、丘疹、湿疹、过敏性皮炎等。

使用肥皂洗涤可以促进污垢的去除，但是应该注意正确使用，认识不同功能肥皂的特点，并对自己皮肤的类型和状况有所了解，这样才能正确选择合适自己的肥皂。干性皮肤一般较薄，皮脂腺分泌油脂少，而且也慢，因此应该选用富脂皂。婴儿皮肤娇嫩，应该选用婴儿用皂和液体皂类。油性皮肤多脂，呈油腻状，尤其是鼻部和胡须周围毛囊和皮脂腺孔大，分泌油脂多，易发生感染，适宜用去油力强的肥皂和有杀菌力的剃须膏。

洗涤后应该用水将皮肤上的肥皂冲洗干净，尽可能减少其在皮肤上的残留，这样可以减少肥皂或其中的添加物对人体皮肤造成的刺激或致敏作用。一旦出现皮肤刺激或过敏情况，应该立即更换其他品牌的肥皂，或改用较温和的肥皂、香皂、婴儿皂，或停止使用。皮肤上的皮脂腺经常分泌油性物质，保持皮肤滋润，防止干裂。过多地使用肥皂就会把这层皮脂保护膜洗掉，皮肤会过于干燥，出现皲裂和脱屑，应该适当地涂抹一些护肤品。

合成洗涤剂的污染及危害

合成洗涤以一种或者数种表面活性剂为主要组分，并配人各种无机、有机助剂等，以提高与完善去污洗净能力。按使用目的分为衣用洗涤剂、发用洗涤剂、皮肤洗涤剂、厨房洗涤剂，还有卫生设备清洗剂、洁厕剂 、玻璃清洗剂、木质家具清洗剂、金属制品清洗剂等，种类繁多。

表面活性剂是合成洗涤剂的主要成分，表面活性剂是分子结构中含有亲水基团和亲油基团的化合物。洗涤剂目前成为人们生活中不可缺少的日用化学品，只要合理适度使用，通常是安全的。一般正确使用不会给机体带来不良反应，但因使用不当，也会给机体造成损伤，主要是对皮肤、眼睛及呼吸道的刺激作用。

家用洗涤剂以阴离子型的合成洗涤剂应用最普遍，可通过皮肤、呼吸道和消化道进入体内。当与皮肤接触时，洗涤剂中的各种化学物质可能会对皮肤造成不同程度的损害，如造成皮肤黏膜化学性刺激、光毒刺激、过敏反应、光敏反应，引起皮肤粗糙、皲裂、皮炎、湿疹、色素沉着、化学性烧伤等。在倾倒洗衣粉时，如果不注意吸入洗衣粉粉末，马上会有呼吸道刺激症状，咽喉发痒，引起咳嗽。误服洗涤剂引起的中毒症状主要表现为消化道损伤，如口腔黏膜烧伤、红肿、流涎、恶心、呕吐、胃痛等，误服事件以儿童多见。

因此认真预防洗涤剂造成的不必要的危害，首先是选择正确的洗涤剂种类，并注意正确的使用方法；其次，对于出现有皮肤刺激反应，过敏反应，包括光毒反应或光敏反应后，应该停止使用，避免皮肤直接接触浓的洗涤剂；再次，倾倒洗涤剂要小心，不要溅洒；最后，用水尽量将皮肤上的洗涤剂冲洗干净，长时间洗涤后，应该适量涂抹护肤霜；最后当洗涤剂对人体造成一定损伤时，应及时采取相应的治疗措施。

另一方面，洗涤剂是水体污染的主要污染物之一，尤以阴离子洗涤剂的污染最为普遍。助洗剂（如三聚磷酸钠）可使水体富营养化，对水感官性状产生不良影响。洗涤剂还能增强水中某些物质臭味作用。污水灌溉可导致土壤污染，抑制土壤微生物分解纤维素能力，降低植物的营养吸收率，减少植物中蛋白质含量，并增加金属铅、锶、镍等向植物的转移。洗涤剂对水生生物也会产生危害。用不同表面活性剂对藻类毒性试验表明，其毒性大小顺序为阳离子型＞非离子型＞阴离子型。为防止合成洗涤剂对环境污染，一些国家已开始研究更安全无害的醇系表面活性剂和天然油脂表面活性剂为原料的洗涤用品，并生产更多低磷、无磷产品来替代磷酸盐，以保护水环境。

其他家用化学品污染及危害

其他家用化学品包括有黏合剂类、家用杀虫剂、口腔卫生用品等其他类。

黏合剂指能用于黏合两种或两种以上相同或不同材料的物质。家庭中使用较大的黏合剂有壁纸黏合剂和塑料地板黏合剂。家庭使用常因徒手操作而接触黏合剂，其中某些成分可能对人体产生有害作用。天然黏合剂因含有大量蛋白质而可能有轻微致敏作用。家庭中较常用的合成黏合剂中含有的环氧树脂可导致皮肤瘙痒、眼睛刺激等症状，酚醛树脂中的游离酚和甲醛对皮肤具有致敏和刺激作用。以上物质在一定浓度时，均可刺激皮肤和呼吸道黏膜，引起不同程度皮肤、黏膜反应。

家用杀虫剂指灭蚊剂、灭蝇剂、灭蟑螂剂和灭鼠剂等。家用杀虫剂是家庭中普遍使用的化学品，主要有效成分为拟除虫菊酯类，属低毒或中等毒性化学物，对健康的影响包括引起神经行为功能改变、皮肤黏膜刺激症（如流泪、打喷嚏、面部发痒或烧灼感）等。灭蟑螂和灭鼠剂若由于喷洒和放置不当，可污染食物或误服引起中毒。

其他如口腔卫生用品（牙膏、牙粉）、除臭剂、擦光剂（家具擦光剂、地板抛光剂、皮革光亮剂等）、橡胶和塑料制品等。牙膏可能含有某些变应原，如某些香料剂，可引起口腔炎，皮肤接触性变应性反应。家用橡胶制品包括有乳胶手套、橡胶手套、橡胶拖鞋等，这些制品中主要变应原为硫化剂、抗氧化剂、促进剂，常可引起部分使用者变应性接触性皮炎和湿疹。

放射性污染的健康危害

什么是放射性污染?

放射性污染是指因人类的生产、生活活动排放的放射性物质。放射性物质能自发放射出穿透力很强的射线，这种射线不能被人的感觉器官察觉到，是看不见和摸不着的，必须采用特殊仪器才能测量出来。一般来讲，人体受到某种微量放射性物质的轻微辐射并不影响健康，只有当辐射达到一定剂量时才出现有害作用。当人类活动排放的放射性物质所造成的放射水平超过天然本底或国家所规定的标准即会产生放射性环境污染。

室外放射性污染的来源

人类可能受到的辐射照射有天然本底辐射和人工放射性辐射源。环境中天然辐射本底主要由宇宙射线、宇生放射性核素和原生放射性核素发射的辐射三部分组成。

天然放射性核素品种很多，性质与状态也各不相同，它们在环境中的分布十分广泛。在岩石、土壤、空气、水、动植物、建筑材料、食品甚至人体内都有天然放射性核素的踪迹。地壳是天然放射性核素的重要贮存库，尤其是原生放射性核素。地壳中的放射性物质主要为铀、钍系和$^{40}_{19}K$。其中，空气中的天然放射性核素主要有地表释入大气中的$^{222}_{86}Rn$及其子体核素，动植物食品中的天然放射性核素大多数是$^{40}_{19}K$。

土壤主要是由岩石的侵蚀和风化作用而产生的，其中的放射性是从岩石转移而来的。由于岩石的种类很多，受到自然条件的作用程度也不尽一致，因此土壤中天然放射性核素的浓度变化范围是很大的。土壤的地理位置、地质来源、水文条件、气候以及农业历史等都是影响土壤中天然放射性核素含量的重要因素。

岩石和土壤中的放射性物质经地下水的浸滤而转移至地下水中，粘附于地表颗粒土壤上的放射性核素，在风力的作用下，可转变成尘埃或气溶胶，进而转入到大气圈并进一步迁移到植物或动物体内。土壤中的某些可溶性放射性核素被植物根吸收后，继而输送到可食部分，接着再被食草动物采食，然后转移到食肉动物，最终成为食品中和人体中放射性核素的重要来源之一。环境水中天然放射性核素的浓度与多种因素有关。

环境中人工放射性辐射源主要来自工农业及医学上放射性同位素的使用、核工业生产中排放出的各种废物、核武器使用或试验产生的放射性沉降物等。医用辐射产生的辐射很弱，只有在发生事故、放射性物质溢出时才产生严重的环境污染。核爆炸瞬间能产生大量的放射性物质，所造成的放射性污染最严重。

室内放射性污染的来源

随着人们生活水平的日益提高，人们对居室和办公的环境要求也越来越高，不但讲究装修要高档豪华、美观舒适，而且开始注重绿色装修这个与人健康有关的主题。家庭、办公室、微机房、写字楼、宾馆、酒店等场所的装修，绝大多数都采用了大理石、花岗岩、地面砖、瓷砖、合成人造大理石等装饰材料。如果这些产品是正规厂家生产的，其放射性核素含量符合国家标准的要求，人们可以放心使用，不会影响人的身体健康。但是，现在的建材市场有许多的类似产品并没有经过国家相关部门的检测与认证，它们有可能含有较高含量的放射性核素。伪劣、假冒产品也乘虚而入，大部分消费者又无有效的鉴别办法进行分辨，一旦装修用上了这些产品，就极有可能对您及家人或同事的身体健康造成严重的伤害。

自然界的花岗岩或大理石等石材在形成过程中捕获大量放射性元素，在装修过程中使用的石材会逐步释放出一种无色无味的惰性气体氡。氡可从附着物中逸出，传播极快。氡的半衰期为

3.8天，接着衰变成其子体。氡的子体每次衰变过程都有α、β或γ辐射，对人体会产生有害影响。

一般来说，室内的氡若来自地基土壤，则氡的浓度随住房的层数升高而降低，如果氡来自建筑装饰材料，则室内氡浓度与层高无相关关系，而是在靠近建筑材料处的氡浓度高。远离建筑材料处低，与建筑材料的距离有关。影响室内氡含量的因素除了污染源的释放量外，室内密闭程度、空气交换率、大气压高低、室内外温差都是重要的影响因素。

放射性物质对人体的危害

放射性物质给人类带来危害主要通过两种途径，一种是在其衰变过程中放射出的电离辐射如α、β或γ射线直接照射到人体，我们称之为外照射；另外一种是人类通过消化和呼吸途径将放射性物质摄入体内，在体内衰变放射出电离辐射，我们称之为内照射。我们提到的建筑装修石材的危害主要通过内照射实现。氡进入呼吸道后，一部分可随呼吸运动被呼出体外，另一部分黏附在呼吸道上被人体吸收。少量的氡也可进入消化道。氡及其子体对人体健康的危害主要是引起肺癌。

自然界常见的射线中，α、β射线穿透能较弱，γ射线则具有很强的穿透能力，是一种波长极短能量很高的电磁波，类似于透视用的X光，是室内装修材料释放的主要射线。射线辐射对人体损伤有以下四种。

（1）急性损伤：一般情况下，人体受微量的放射性核素污染对健康的影响甚微，只有当照射达到一定剂量时，才能出现有害作用。全身一次性受到0.5～1Gy外照射剂量时可出现头痛、头晕、食欲不振，睡眠障碍等神经系统和消化系统的症状，继而出现白细胞有轻度变化等。一次照射量达1Gy以上，可出现造血型、肠型、脑型等急性放射病。根据受照射剂量大小和病情轻重，可分为四度：轻度、中度、重度和极重度。一般照射剂量达到 2Gy 以上，即可引起机体死亡。

（2）慢性损伤：环境中的射线污染具有剂量低、时间长的特点，而机体对射线的损伤有一定的修复能力。在允许水平的较低剂量率照射条件下，机体的修复能力占优势，故损伤不明显。如受到超容许水平的较高剂量率的长期慢性照射，则射线的损伤作用会超过机体的修复能力。损伤累积到一定程度时，则可引起慢性射线病，如慢性皮肤损伤、放射性白内障等。

（3）胚胎毒性效应：育龄青年男女受到射线照射有可能产生性腺（睾丸和卵巢）损伤。怀孕妇女受到射线照射可引起不同程度的胚胎毒性效应，导致流产、畸胎甚至死胎。

（4）远后效应：放射性物质在人体内长期作用，可产生远后效应。如引发造血机能障碍（白血病）、遗传障碍及肿瘤等。

如何预防放射性污染?

地球上时时刻刻都有各种天然辐射。由于人是环境的产物，人体的组织器官已经适应了环境中天然低水平辐射，所以天然环境放射性不会对人类健康产生任何威胁，人们也不必对此过于恐惧。但对生活环境中的人工放射性污染却要注意防治。

大型核工业企业、核科学研究单位、大量应用放射性核素的部门都有可能是人工放射性的污染源。居住在这些污染源附近的居民和在这些单位工作的人员应注意观察周围环境中 水、土壤、空气、农作物被放射性污染的情况。必要时，可请有关部门协助进行监测。如发现有放射性污染，应根据实际情况和国家有关的防护规定，及时采取有效的措施，加以处理和防范。还有应该注意的是，有些工厂也是生活环境中放射性污染源，如磷酸制造厂、磷肥制造厂的三废中都含有铀，应注意防范。

由于人们对建筑物的放射性危害尤为关注，卫生部、技术监督局 1995 年和 1996 年制定了《含放射性物质消费品卫生防护管理规定》和《含放射性物质消费品的放射卫生防护标准》，目的就是使消费者接受到尽可能低的放射性辐射。除了制定标准，对建筑场地从勘探、设计、建筑材料的选用、内部装修等都应注意防止放射性污染。

地层深处的氡可以通过地层间隙，特别是断裂带和地下水扩散进入大气圈，在这种裂隙带上的建筑物很容易富集氡气，因此在选地基时要避开断裂带，避开高氡地区。室内装修时，油漆墙面，水泥砂浆抹面，涂料喷涂墙面、木质地板、地板漆等对来自墙体和地板的氡有明显的隔离效果，开窗通风、机械通风也是排除室内氡的有效措施。还要提醒的是，在购买石材时，要查看该产品是否有当地放射卫生防护管理部门发放的生产许可证、放射卫生合格证，有无质量管理部门定期放射卫生检测报告及卫生监督机构的抽检报告。通过以上途径的预防措施最终目的是降低室内氡的浓度，而影响室内氡浓度的因素很多，但最终保证安全性，关键还是测量和限制氡的来源和浓度。

家用电器对健康的影响

家用电器的污染及其影响

随着生活水平的提高，电冰箱、电视机、洗衣机、电风扇、抽油烟机、电话、手机、空调、微波炉、家用电脑等已经成为现代生活的象征。它们无疑给我们的生活带来了方便和无尽的情趣，但是由于忽视其对环境的污染，家电也会带来严重的负面影响。

电吹风、电风扇和洗衣机外壳都带有静电，长期接触静电会使人出现静电综合征，表现为：头痛、胸闷、咳嗽、呼吸困难、紧张忧虑等。

电视机、计算机、手机等是辐射性污染的主要来源。人如果在增强磁场的环境中工作会产生情绪低沉、烦躁易怒、注意力不集中、记忆力减退等症状，由此导致工伤、交通事故的增加。美国精神病专家指出，近几年来精神病患者显著增加，与周围的电磁场强度变得愈来愈大有明显的关系。

家电的噪声污染也是不容忽视的。人们所适宜的声音强度约为 15～35 分贝，如果超过 40 分贝则会干扰睡眠，超过 60 分贝会影响工作。通常家电声强为，电冰箱最低达 30～40 分贝，电吹风最高达 80 分贝，收音机 80 分贝，洗衣机 40～80 分贝，电视机约为 65 分贝，电风扇 45 分贝。如果同时开动，噪声影响可想而知。噪声特别影响人体的新陈代谢，减少人体唾液和胃液分泌量，损害视觉功能和消化功能。

家电中光的污染也是不可忽视的。强烈的灯光、刺眼的电视和电脑屏幕都会给人带来一种炫光的感觉，经常开灯睡觉的人容易患有眼疾或失眠等症状。

因此，在选购家电时，首先选购无噪音、少静电、少放射性污染的电器，经常保持房间通风良好，勤打扫卫生。尤其应注意的是，卧室忌放家电，有些人喜欢睡在床上看电视，这是大错而特错的事，应立即纠正。

电冰箱的危害

过去生产的电冰箱所用的制冷剂和发泡剂是氟氯烃化合物(简称 CFCs)。这种氟氯烃类化合物在生产中很容易泄漏到大气中，最终上升到大气圈的平流层，经阳光中紫外线的强烈照射产生分解，释放出氯原子，它与臭氧层中的臭氧发生链式反应，从而消耗臭氧。臭氧层就像一把保护伞，使地球上生命免受阳光中有害紫外线的照射。臭氧层被破坏后过量的紫外线直射地球，使人类、动物、植物受到威胁，能降低人的免疫力，使某些传染病的发病率增加；并可损伤眼睛，引起白内障；还可使皮肤癌的发病率增高。因此，没有臭氧层的地球就像没有屋顶的家。

CFCs 类物质不仅破坏臭氧层，而且还有很高的“温室效应”。同二氧化碳一样，CFCs 也是一种温室气体。它可吸收来自地球的辐射热，使热量不能及时散发，其作用相当于暖房子外的塑料布。它使温室效应加剧，地球持续不断变暖，极地冰雪融化，海平面上升，对人类生存将产生严重影响。一些临海城市或海中岛国将难逃海平面上升带来的灾难。全球变暖不仅使部分地区遭受严重水灾，其它地区又出现高热干旱，农作物大面积受灾减产。森林草场退化，物种灭绝。因此禁止使用氟利昂作为电冰箱、空调器的制冷剂，是关系到人类存亡的大问题。

随着人类环保意识的增强，市场上逐渐出现了一些无氟冰箱，即绿色冰箱。以使臭氧层免受过多的破坏，减少“温室效应”的污染来源。

电冰箱不但可以引起大气的污染，同时也可引起其他污染。许多人把电冰箱当成食物的“保险箱”。长期堆放大量食品，冰箱只能使细菌生长繁殖较慢，而并不能杀死细菌。吃了长期在冰箱放置的食品后引起腹泻已屡见不鲜。冰箱冷藏室的温度、湿度适宜于真菌存在和生长繁殖。家庭冰箱以类酵菌、表霉菌、芽枝菌占优势，其中芽枝菌、青霉菌、曲霉菌都能产生毒素使人慢性中毒并有致癌作用。现在有一些防菌冰箱产生，但应注意，这只不过是在有把手或放食品的地方涂抹了某些防菌剂，这些防菌剂并不能达到杀灭细菌的目的。因此从冰箱取出的食物一定要重煮或重蒸一下，一旦发现有异味或有霉菌的食品一定小心对待，以防中毒。

家用电器电磁辐射及其危害

电磁辐射是在空间传播的交变电磁场，它在真空中的传播速度约 30 万 km/s，无线电波、红外线、可见光、紫外线、X 射线、γ 射线都是电磁波。人类及地球上的生物都处于电磁场的包围中。因其无处不在，穿透到每个角落，人们称其为“电子雾”；又因肉眼看不见，摸不到，无色无味，故又称为“看不见的战线”。全世界约有 2 亿个左右的无线广播电台和电视台，在日夜不停地发射着电磁波，使人们能接受到电视信号或收音机信号，从而了解国内外发生的事情。生活中使用的家用电器（如电饭锅、电烤箱、微波炉、抽油烟机、计算机、电热毯、荧光灯等）以及室内各种电线每天也在产生电磁辐射，这些都是居室的辐射源。

电磁辐射可带来哪些不利的影响呢？电磁辐射污染是一个隐藏在人们身边的无形杀手，时时刻刻对生命造成危害。随着城市中微波通讯设备的增加，微波干扰问题也日益严重。

人们生活在电磁波的包围之中，电磁波的影响通常可以感觉到，如打电话时收音机距离过近发出的尖叫，洗衣机、电吹风机开动时对电视图像的干扰等。电磁波主要影响神经系统，长期生活在电磁场和微波作用下，可引起人头昏、头痛、失眠多梦、乏力、衰弱、眩晕、心悸、胸闷、记忆力减退、消瘦、情绪不佳及神经紊乱等。经常接触微波者易产生心动过速、心动过缓，脑电图出现异常。长期接触微波强度在 80～100mW/cm^2 时，可引起眼睛晶状或小片状混浊，促使晶状体老化，严重的可形成白内障。电磁波还会引起人体的自然生理节律的紊乱。因此，电磁波对人体的潜在危害是不容忽视的。

空调的污染及对健康的影响

空调器也是重要的家电，空调设备已走进公共场所，走进千家万户。在我国，前几年空调器还是奢侈品，现在已相当普及，就连必不可少的交通工具汽车都配备有制冷装置。当然，在炎热的夏季，人们用空调可避免高温之苦，是理想、舒适的生活选择，也是现代化生活的象征。但随之而来的是人体对寒暑的抵抗力的下降。从装有空调的房间出来到没有空调的地方，由温差带来的骤变使越来越“娇弱”的身体很难适应外界环境。于是，患感冒是常有的事情。这些因空调冷气而导致的病，人们通称这类病叫“空调病”。

夏季由于室外温度过高及使用空调的原因，居民可能会长时间关闭门窗，导致空气无法流通，如果房间内人数多，就会大量消耗室内空气中的氧气，而呼出的二氧化碳排放在室内空气中，从而使房间里的空气污浊、负氧离子低下。空调的应用使内部环境与外部环境阻隔，一些细菌和病毒得以在房间里滋长。此外，室内做饭会散发天然气、油烟及颗粒物，门窗、家具的油漆、清洁剂和洗涤剂使用所挥发出来的有机化学物质（如各种碳氧化物、氮氧化物和微量的有机化学元素）随着尘埃飘荡在室内，这些是导致呼吸道疾病和过敏反应的根源，可使居民出现头晕、乏力、精神萎靡、咳嗽、流泪。近年来发现的“不良建筑物综合征”，即通常所说的“大楼病”，实际上也是由于空调造成的。

电话对健康的影响

随着生活水平的提高，电话这种现代化通讯工具正逐渐进入千家万户。打电话时口腔中的细菌和病毒会随着飞沫喷到话筒表面及内部，而话筒内阴暗潮湿的环境正好适合细菌的生长与繁殖。经调查，使用率高的在电话传声器上黏附的细菌和病毒不下500种。公用电话则更为严重，如果打电话的是病人，电话则可能成为传播疾病的中介。除了经呼吸道传播的疾病外，一些经消化道及皮肤接触传播的疾病也可以通过病人使用电话而将致病菌留在电话上，健康人再次使用此电话时，话筒处的病菌则可能被吸入口腔、鼻腔，食入嘴里或黏在皮肤上或衣物上，引起疾病发生。

为了防止电话传播疾病，拨打电话时，口与话筒一定要保持一定的距离，手指和嘴不要接触话筒，打完电话一定要洗手。虽然家用电话比公用电话好一些，但时间长了也应注意基本卫生和定期清洗，以防止病菌传染。话筒最好用过氧乙酸湿布定期擦洗消毒。此外，打电话时话筒的听筒也应离耳朵稍远点，以防电话产生的噪音对听力产生损害。

电视的污染及危害

电视的彩色显像管在高温作用下产生一种叫溴化二苯并呋喃的有害物质，此物质有致癌作用。一台电视机或一台电脑连续使用三天，房间内测得的溴化二苯并呋喃浓度高达2.7$\mu g/m^3$。同时，因为大量的高能量电子轰击荧光屏的结果，也会形成X射线，如果长年累月的处于通气不良的居室环境，会对人体造成不良的影响甚至导致慢性中毒。

电视还有辐射作用，将收音机靠近电视机就会发出刺耳的噪音，稍远一点噪音就消失了，这说明电视本身可以产生辐射。一提起电视对人体的影响，我们首先想到的是眼睛，长期看电视会出现视力下降、眼睛疲劳等症状；同时电视也是其他疾病的来源之一。看完电视周身不适，为电视里的情节所困，因此失眠、焦虑、抑郁。长期看电视会引起身体肥胖、肌肉麻木，即患了电视综合征。

家用电脑的危害

时代发展之迅速，几年前还是奢侈品的电脑现在已进入千家万户。电脑的用途是无法取代的，它可以计算、创作、学习外语、进行娱乐，也可以训练人的记忆力和反应能力，足不出户即可漫游名胜古迹、欣赏音乐，进行股票交易及网上购物等。电脑对孩子的诱惑力就更大了，多少孩子为了玩电脑游戏可以不上学。资料调查显示，迷恋游戏机的孩子经常感到恐惧，他们敏感、神经质、不合群、没有知心朋友。

正由于无论成人还是孩子使用电脑的时间都在增长，电脑病也随之出现了。通常电脑的荧光屏与电视荧光屏一样，其表面及其附近的空气中都带有较高的静电，这些静电同时携带着粒子灰尘及大量细菌、真菌孢子等。当它们附着于人的面部时，皮肤便会出现许多黑色的斑疹。荧光屏上也暗藏“杀机”，除产生辐射外，因为荧光屏是由光点组成，光点越大越亮，人肉眼疲倦得越快，眼睛灼痛感越强烈，长此以往视力下降很快。最近几年从小学生到青少年患近视眼的速度直线上升。另外一些显而易见的疾病是职业电脑操作者都患有颈椎病、腕管综合征等。人的手腕有许多血管、神经、肌肉及肌腱等。长时间在电脑键盘上反复操作，可能导致肌肉疲劳，结缔组织水肿，肿大的组织压迫神经，轻者产生疼痛，重者手活动受限。为了防止其发生，经常使用电脑的人员应该掌握正确的操作技术，工作一小时后停下来做做放松体操。

洗衣机的污染及危害

居室环境中的洗衣机、电风扇等家电都发出各种不同频率和强度的噪音。噪音不仅扰乱正常的工作、学习、生活，而且对人体健康危害很大。除此之外，洗衣机还会产生一种听不到的次声波，同样对人体有害。人耳朵只能听到频率在20～20000Hz之间的声音，而低于20Hz的声音人们就听不到，次声波就是在20Hz以下的声波。虽然一般家电产生的次声波能量不大，但当它与周围设备产生共振时，其能量就会变得强大，而且传播较远。

次声波不仅来源广、传播远、而且穿透力强。当次声波的振荡频率与人的大脑节律相近，且引起共振时，能强烈刺激人的大脑。当振荡频率与人体内脏器官节律相当，就会影响内脏器官。

正因为次声波会对人体产生危害，世界上许多国家将其列为公害之一，并制定了相应的次声波标准。防止次声波振动危害的最主要途径，就是设法减少机械振动，或者采用减振、隔振等装置，如给洗衣机加上弹性垫或固定洗衣机装置可以减少振动的产生。

家用热水器的危害

洗澡是讲究个人卫生的良好习惯。由于居住条件的改善，热水器已进入千家万户。热水器可大体分为电热水器和燃气热水器。电热水器使用时要注意漏电问题，为了保证人身安全，在购买时必须有“安全认证的产品”标志，并要专门人员到户进行安装，以接通水源和电源。燃气热水器所使用的燃料有煤气、液化石油气、天然气等。这些燃料在燃烧不完全时会产生大量的一氧化碳、二氧化硫、二氧化碳、氮氧化物、颗粒物等，尤其是一氧化碳（俗称煤气），是造成人体中毒死亡的主要有害气体。当空气中氧气体积分数降至6%以下时，只需8分钟人就会窒息死亡；当一氧化碳体积分数为0.08%时，40分钟后人就会感到头晕、恶心；当体积分数为0.64%时，10～15分钟即可置人于死地。因此，为了保证人身安全，在使用燃气热水器时，必须做到燃气热水器与洗浴部分分开。另外，由于燃气热水器上的燃气孔长期使用，不及时清理会造成积尘，堵塞燃气的畅通，这样可使燃气燃烧的不充分，加剧一氧化碳的产生。为了使燃气充分地燃烧，必须定期清洗燃气孔上的灰尘，并经常检查各种阀门是否漏气等。

电热毯的危害

在冬季寒冷的季节，电热毯作为一种取暖手段无疑给我们生活带来了诸多便利，但谁曾会想到电热毯也会存在危害。电热毯加热时可以发出短波。短波是指频率在 3～30Hz，相应波长为 100～10m 的电磁波。长期接触短波的人，性欲会减弱，对异性兴趣冷漠。孕妇长期接触短波会导致胎儿先天体质较差，甚至出现缺陷或痴呆。此外电热毯所引起火灾的报道也是屡见不鲜的。因此，在使用电热毯时一定要注意安全，做到无人时不用电热毯。

厨房污染对健康的影响

厨房内空气污染与危害

有多种原因可以引起厨房内的空气污染，最主要的原因是燃料燃烧。城市居民生活所用燃料一般为商品性燃料（如煤、天然气、煤气、电等），农村多数还使用生物性燃料（如木材、粪、稼秆等）。首先，燃料燃烧时可以产生大量的污染物，包括硫氧化物、氮氧化物、碳氧化物、颗粒物和一些有机化合物。其次，如果液化石油气燃料质量不高，在燃料燃烧过程中会产生大量颗粒物，加重了室内空气污染。再次，如果灶具质量不过关，燃料在燃烧过程中不能完全燃烧，则会产生较高浓度的一氧化碳。

炒菜的油温通常在250℃以上，烹饪产生的油烟也是厨房污染的一个重要来源。油烟是油脂被加热时所进行的氧化和分解反应的产物，其中含有多种烷烃、醛、醇、苯呋喃等有害化合物，它们对人体所有的器官都可能造成危害。云南宣威女性肺癌就和接触厨房油烟有关，有人群调查结果也提示油烟与肺鳞癌和肺腺癌的发生有关。油烟中的致癌物来源于油脂中不饱和脂肪酸的高温氧化和聚合反应。

在冬季时门窗紧闭，厨房通风不良，污染物大部分就会留在居室内，造成严重的室内空气污染。这些有害物具有种类多、浓度高的特点，包括一氧化碳、二氧化硫、二氧化碳、氮氧化物、可吸入颗粒物及致癌物多环芳烃类等。厨房污染空气首先影响在其中进行烹饪的人，其次厨房的污染空气还会向其他房间扩散。燃烧时产生的一氧化碳对人体有很大危害，一氧化碳与血红蛋白的结合能力比氧高，因此它会使血液输送氧的能力减弱。一氧化氮和二氧化氮也有很大危害，氮氧化物能与血液中的血红蛋白结合，使血液输送氧的能力下降。二氧化氮还是一种腐蚀剂，它能吸收水分变成腐蚀性极强的硝酸，使人的呼吸系统受到刺激，严重时会发生哮喘。另外室内的各种污染物共存时，其对人体的危害大于各自污染物毒性的简单加和。

燃料燃烧还可产生颗粒物，颗粒物通过呼吸进入人体，按照粒径大小不同，沉积在呼吸道的各个部位，粒径大于10μm的颗粒物大部分被阻挡在上呼吸道，而粒径小于10μm的颗粒物能穿透咽喉进入下呼吸道。特别是粒径小于5μm的能沉积在肺泡内，对人体危害更大。

颗粒物对人体的危害作用表现在两个方面。一是直接的物理刺激，颗粒物进入呼吸道后，作用于呼吸道黏膜，使其产生黏液，引起肺部疾病，尤其是肺心病患者，当呼吸困难时，可引起心脏的不适。二是化学危害，颗粒物尤其是粒径小的颗粒物表面吸附大量有害化学物质，通过呼吸直接到达呼吸道和肺部，造成对人体的危害。另外，这些颗粒物还可使空气的离子发生转化。由于离子和颗粒物都漂浮在空气中不停地运动，粒子间就会发生相互碰撞或结合，从而使离子失去或获得电荷形成中性物质。阴离子是对人体有利的物质，它有镇静作用，可以催眠、镇痛、增进食欲、降血压；阳离子的作用却相反，它引起失眠、头痛、使血压亢进等。许多人在通风不良或有人吸烟的室内感到头痛、烦躁或不适，就是因为颗粒物污染严重使离子减少，而且空气中阴离子较阳离子减少得更多所致。

炊具、餐具的污染及其危害

竹木餐具本身无毒，很适合中国人使用，唯一缺点是容易被微生物污染。一般木材和竹子经过加工成器具后，为了美观，还要在其表面涂上一层油漆，而油漆中含有苯、铅、氨基、硝基类化合物等，这些成分对人体是有害的。涂有油漆的餐具在盛放高温食物或酸碱性食物时，受到高温和酸碱腐蚀作用，油漆会老化，经牙齿的摩擦作用会脱落并随食物进入人体，引起过敏或其他疾病，所以日常生活中应尽量避免使用有油漆的餐具。

玻璃餐具因外表美观、耐高温等优点受到人们的喜爱。玻璃制品中含有一定量的有机物，因而也会对人体产生一定的危害。因此玻璃生产过程中应减少有机物的含量，一般成品中的有机物含量很少，且消费者买回后经过多次用酸碱浸泡、消毒剂消毒后，对人体基本不会造成危害。

陶瓷餐具外形也比较美观，是中国传统文化的显示，但陶瓷表面的釉质含铅，铅对人体健康不利。使用粉彩修饰的瓷具，由于粉彩的颜料含铅，黏性极小，更容易脱落。因此在使用瓷具时应多加选择，避免铅中毒。

不锈钢餐具耐腐蚀、耐高温、安全保险、便于清洗且经久耐用，因此得到人们的普遍使用。酸性物质会使不锈钢餐具里的镍、铅、镉、铬等有毒金属溶解出来，长时间接触破坏机体的各种酶系统，也与肿瘤的形成有关。因此，不锈钢器皿不能用于长时间浸泡酸性食物。

铝制餐具因其轻巧耐用、物美价廉的优点，至今仍有许多人在使用，但多数人可能不清楚此类餐具存在的危害。长期使用或使用不当会使人体摄入过多铝，尤其是存放一些酸性或碱性食物或用钢刷洗刷，破坏了表面的保护膜，金属铝直接与食物接触并溶入食物中，随着食物进入人体，而且很难被机体排出，造成在体内蓄积，进而对神经系统、骨骼、肝、肾、心脏等产生损害。还有研究认为，铝元素与早老痴呆和早衰有关。

那么究竟用什么炊具好呢？在 20 世纪 70 年代以前，我国大多数居民主要使用铁锅做饭。而当今，市场上炊具的种类可谓是品种繁多，有各种轻巧方便美观的铝制炊具、电炒锅、电镀锅、新型材料等制成的炊具，这些替代了以往的铁锅，随之而来的是患缺铁性贫血的人日益增多。原来使用铁锅具有保健作用，因为铁锅可产生一种无机物与胃酸反应形成人体容易吸收的铁盐，从而促进人体造血机能，使红细胞生成增多。因此建议家庭还是以铁锅烹饪为主。而且铁锅早已经世界卫生组织的认可，并推荐世界各国使用。

居室内生物性污染对健康影响

家居环境中生物性污染对人体健康的危害

人类生活环境中存在着种类与数量繁多的微生物，这些微生物绝大多数参与物质的转化以及能量的变迁，维持生态系统的平衡，保护人类赖以生存的自然环境。还有一部分微生物或其代谢产物，其异常地增殖、增生，则可污染与破坏环境，特别是可通过水、空气、食物等环境媒介传播，引起某些疾病的发生与流行，危害人体的健康，给人类正常的生产、生活活动造成威胁。

室内环境与人们居家生活活动密切相关，人们的许多活动（如休息、饮食、工作、学习等）都在这一环境中进行，一个良好、清洁、卫生的居室环境将有利于家庭成员的身体健康，还可以提高自己的工作、学习效率和生活质量。室内居室环境与健康有关的污染源中，生物性污染是其中重要的来源之一。生物性污染是指病毒、细菌、真菌及尘螨等引起的污染，居室内常见的病毒、细菌、真菌等引起的疾病有流行性感冒、麻疹、结核等。空气中缺乏微生物生长所需的水分和可利用的养料，因此它不是微生物生长的自然环境。但在室内环境中，特别在通风不良、人员拥挤的情况下，还是可以通过空气传播致病微生物，使易感人群发生感染。

人们早已知道可引起肺炎、结核、流行性感冒、麻疹和流行脑膜炎等疾病的病原微生物（如肺炎球菌、脑膜炎双球菌、结核杆菌、流感病毒、麻疹病毒等），可以通过空气传播。在居室通风不畅或者空调器的使用，改变了室内与室外正常的气体交换，形成不同于室外的特殊小气候。室内空气中的病原微生物不能像室外那样很快被稀释而降低浓度，在室内集聚到达一定的程度，最容易引起疾病的发生。由于居室中家庭成员接触比较密切，通常是家庭中一人得病，全家都有被感染的可能。如结核病的感染和传播往往具有家庭聚集性的特点，这与家庭成员的密切接触和室内通风不畅有着密切的关系。

随着我国居民生活水平的提高，住房条件迅速改善，居室开始安装空调器、加湿器来调节室内环境，地毯、挂毯等用于装饰，这些变化也会带来病原微生物污染，如空调器的使用，会产生军团菌污染，通过空气气溶胶传播，可引起军团菌病的流行；其次，居室内还会有霉菌、尘螨等污染而致病。

居室中的霉菌污染可引起人体的变态反应，主要是由其产生的霉菌孢子、菌丝和代谢产物所致。由于霉菌孢子数量大、体积小、质量轻，最易脱落后扩散到空气中，在空气中四处飘浮，作为一种可引起过敏反应的变应原，主要引起呼吸道的过敏，个别病人可引起皮肤过敏，出现皮肤瘙痒或出现流泪、眼痒、眼周红肿等。由于在空气湿润、温暖、潮湿、阴暗的环境中适宜霉菌生长，而且霉菌生长只需要有少量的营养成分就可维持。已有研究表明，人在接触大量霉菌菌丝及孢子后，可发生肺霉菌毒素中毒，临床表现为数小时有眼和喉部灼热感觉、刺激性咳嗽、喘息、气管痉挛等，从肺组织检查中可发现有包括镰刀菌和青霉菌等在内的 5 种霉菌的存在。还有研究认为，霉菌污染与现代城市中出现的“不良建筑综合征”有关，如在大型密闭建筑内的工作人员，经常发生感冒、流感样症状，或咽喉痛、头痛、腹泻、全身不适等症状，研究表明镰刀菌污染可产生一种称为单端孢霉族化合物，不仅污染谷物，而且也在农场、磨粉过程、私人住宅、办公大楼的通风系统以及高湿度的墙壁上采集的空气样品中发现。

室内环境中的尘螨也可造成居室污染，尘螨本身是一种很小的节肢动物，大小为 0.2～0.3mm，可以附着在地毯、毛织品、被褥、枕头或者是存在于室内某些经久未被清扫过的地方。尘螨适宜生活环境温度为 20～30℃，温度大于 44℃或低于 10℃时不能够生存。在空气流通不畅、湿度和温度适宜的环境中，尘螨普遍存在。尘螨也是一种可引起过敏反应的强变应原，可引起人体呼吸道和皮肤的过敏，主要症状有哮喘、过敏性鼻炎、荨麻疹等症状。近年来，由于居住环境密封性增强，以及室内安装了空调来调节室内温度、湿度，这样也改变了室内、外空气相通和相似性，形成不同于室外的室内小气候。这些改变有利于尘螨的生长和繁殖，其代谢产物和粪便等可造成对人体健康的损害。

由于室内环境与人们生活密切相关，人们每时每刻都可能接触到的各种污染物，因此对其可能存在的危害不能忽视，因此做到以下三点，对预防室内微生物污染造成的损害是非常必要的：①增强与室内环境污染有关疾病预防的意识，家居的装饰要容易清扫，这样可以减少尘螨和霉菌的寄生，对衣服和被褥要每隔一段时间进行清洗与消毒，以杀灭各种有害的微生物。对许多难清理的物件（如地毯）不要只清理其一面，以免下面附有尘螨等有害生物存在。②仅仅强调室内保湿、保温是不够的，要经常保持室内外空气自然流通，保持室内空气新鲜，这样不仅可避免由空调系统带来的微生物污染，而且可稀释室内污浊的空气，降低室内空气中的微生物数量。③提倡室外活动，呼吸新鲜空气。在空气传播的疾病流行期间要注意室内空气的消毒，确保室内空气的清洁。

饲养宠物造成的生物性污染及其危害

养狗的危害

随着经济的高速发展，人们的生活水平的不断提高，越来越多的家庭开始豢养狗、猫等宠物以享受生活乐趣，但也要注意，这些宠物也携带或感染某些使人致病的微生物。尤其以狗、猫传播的狂犬病应引起人们的重视。

狂犬病（又称恐水病）是由狂犬病病毒引起的烈性传染病，

狂犬病毒在感染人和动物后，可侵犯脑部组织，也会在受感染动物的唾液、泪腺、角膜、毛囊、肌肉中存在。感染初期会出现头痛、恶心、乏力、食欲减退，在感染处伤口有发麻、发痒的感觉。后来产生典型的恐水、怕风、怕声、流涎等症状，最后病人转入呼吸肌麻痹呼吸衰竭而死亡。

狂犬病病毒主要在野生动物及家畜中传播，如狗和猫是主要的传染源。人患狂犬病的感染方式，一般多由患狂犬病的狗（俗称狂犬或疯狗）、猫等动物直接咬、抓伤所致；此外，非咬伤途径，如通过消化道、呼吸道、黏膜及接触感染，也可感染狂犬病。狂犬病毒一旦通过上述途径侵入人的机体，如果未接种过狂犬疫苗，或未及时发现和处理，经过一段的潜伏期，出现症状就会无法施救。

预防狂犬病的根本措施在于控制传染源，即消灭流浪犬；对家犬进行预防免疫，每半年至 1 年免疫 1 次，动物（狗和猫）会产生特异性抗狂犬病毒的抗体，足以阻止狂犬病病毒侵入机体，其有效期可达 2～3 年；严格控制外源性病例入境；暴露后免疫，即对被狂犬咬伤的人，采用血清与疫苗联合免疫法，及时有效地中和入侵的游离病毒，防止病毒从伤口扩散而感染邻近的正常敏感细胞。此外，被咬伤口的局部处理也极为重要，对狗、猫的咬伤和抓伤要及时处理，立即用清水或肥皂水彻底清洗伤口，再用 75％的酒精、碘酒擦拭伤口，彻底消毒一般情况下不缝合伤口。然后用抗狂犬免疫血清在伤口周围进行浸润注射来预防感染。

养猫的危害

猫也是家庭常豢养的宠物，猫可携带多种病原微生物，传播许多严重危害人体健康的传染病和寄生虫病，如狂犬病、钩端螺旋体病，弓形虫病，旋毛虫病，肝吸血虫病，尤其是狂犬病、弓形虫病、出血热等对健康危害巨大。其中弓形虫病的重要传染源之一是猫。

对于弓形虫病，是一种人和动物共患的寄生虫疾病，弓形虫的主要传染源是动物，弓形虫不仅在野生动物中存在，在家畜中也广泛存在。

患有弓形虫病或感染弓形虫的孕妇，可通过胎盘传给胎儿，造成胎儿、新生儿畸形或患先天性弓形虫病。猫粪中含有大量弓形虫卵囊，其抵抗力强，能在外界存活较长时间，可污染水源、食物、餐具和环境，当人摄入时即可能发生感染。人与猫、狗等密切接触，经过破损的皮肤和黏膜而感染。人患病后出现高热，淋巴结肿大，肌肉关节疼痛，孕妇感染弓形虫体后，可使40%胎儿受感染，而导致胎儿患上先天性弓形虫体病，形成先天畸形或流产、死胎等。由于人对弓形虫普遍易感，世界各地弓形虫感染很普遍，许多国家平均感染率在25%～50%，高者达80%以上。

预防猫传播弓形虫病首先应不玩猫、狗、兔等动物；其次应做好动物粪便的管理；再次应对养猫用具要进行消毒处理，消毒药可选用1%的来苏儿，3%的烧碱液，5%的热草木灰和1%～3%石灰水。要注意个人防护，防止猫、狗等动物舔人的手、面部等。孕妇不要在孕期玩猫，招致猫抓伤而致病。

居室绿化

居室绿化的益处

长期在都市中居住，使人们逐渐远离大自然，难于接触到树木、花草和芬芳的泥土。因此，渴望健康的现代人想方设法把大自然搬回家，在室内合理放置绿色植物，不仅能够改善居室的观景和气氛，而且增加了大自然的气息。居室绿化可以净化空气。在绿化较好的室内，有些花木还可以调节温度、湿度以及调节人的生理作用。植物还具有良好的吸音作用，较好的室内绿化能降低噪音能量，靠近门窗布置的绿化可有效阻隔室外噪音。还有植物的绿色给大脑皮层以良好刺激，使疲劳的神经在紧张工作之后放松。有些植物由于其特殊的生物习性，在夜间进行光合作用，释放出的氧有益于健康。

绝大多数绿色植物除了能够提供氧气外，还能增加空气中对身体有益的负离子的浓度，吸收有害气体，净化空气。例如吊兰能吸收氮氧化物和甲烷气体。肾蕨、贯众能吸收一氧化碳和甲烷气体。月季、玫瑰、丁香能吸收二氧化硫。玉兰、桂花可以减少空气中汞的含量。桂花、夹竹桃的树叶有较强的吸尘作用。薄荷含有挥发油，不但对臭氧有抵抗作用，而且还有杀菌作用。晚香玉、除虫菊、野菊花等有特殊的气味，人虽然闻不到，但蚊子、蟑螂、苍蝇等闻到后就不敢接近。大多数仙人掌和多肉植物如宝石花、景天，都能有效地减少电脑等电器的电磁辐射。

居室绿化的危害

植物通过光合作用吸收二氧化碳，释放氧气，但大多数植物在夜间无日光时停止了光合作用，植物自身也要进行呼吸作用，这时，植物会释放出二氧化碳，不但不能为居室增加氧气，反而增加了二氧化碳的含量，长期对健康有不利影响。因此晚上应将大多数植物移出房间。下面举一些花卉对人体不利的例子。如夜来香不但在夜间停止光合作用，还会放出大量废气，使高血压、心脏病人感到郁闷；含羞草之所以一触即“羞”，是由于体内含有一种含羞碱，这是一种毒性很大的有机物，人接触过多，会使头发脱落；许多美丽的观赏植物含有毒素，如水仙花，它的鳞茎中含有拉丁可毒素，人误食会引起呕吐、肠炎等病症。百合花淡雅清香，受到许多人的喜欢，但由于其花香中含有一种奇特的兴奋剂，闻到后会过度兴奋，夜不能眠。最后应该注意的是，有过敏体质的人最好不要在室内放置产生花粉的植物，因为花粉可导致过敏，诱发哮喘或使咳嗽加重。

绿色植物能监测环境污染物吗?

植物不但能美化、绿化、净化环境，有些对有害气体特别敏感，可以作为室内空气污染的“探测器”。二氧化碳是室内最严重的污染物之一，对二氧化碳敏感的花卉有秋海棠、牵牛花、万寿菊、美人蕉等。对二氧化氮敏感的有杜鹃、扶桑等。对臭氧敏感的有秋海棠、菊花、万寿菊、矮牵牛等。对氟化氢敏感的有美人蕉、郁金香、杜鹃等。对氯气敏感是有百日草、蔷薇、郁金香、秋海棠等。对乙烯敏感的有石竹、万寿菊、兰花、蔷薇、郁金香等。对氨敏感的有矮牵牛、向日葵等。当污染物浓度高时，这些花卉的叶子出现不同颜色斑点、褪色、黄化，提早落叶、枯死、皱缩等病变。因此，人们可以根据花卉对毒物敏感的特性，在住宅内栽培相应的花卉，从观察花卉的生长状况测知室内空气污染问题，以便及时采取相应措施。当然这只是辅助措施，真正想了解居室空气污染状况，还需要国家专门的检测部门来检测。